高等学校实验课系列教材

简明物理化学实验

（第三版）

JIANMING WULI HUAXUE SHIYAN

刘新露 司玉军 李敏娇 编

EXPERIMENTATION

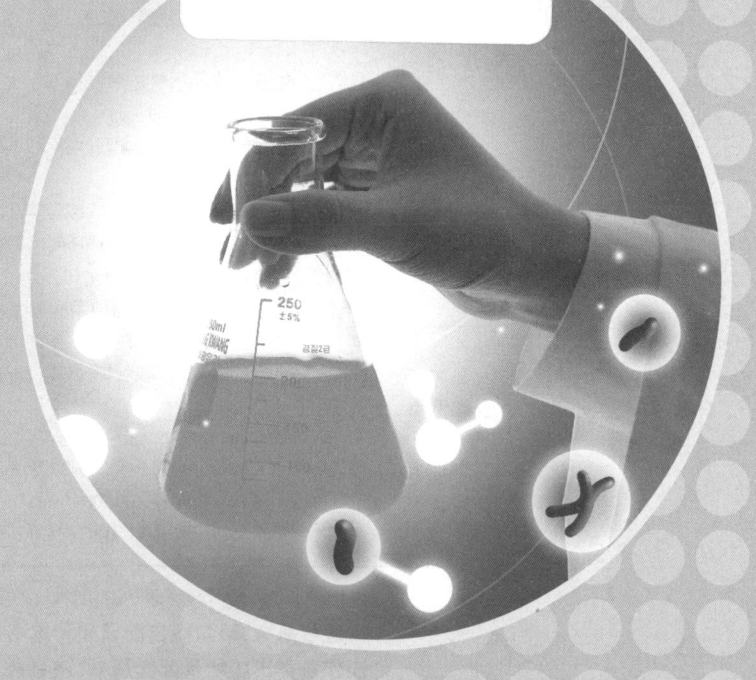

重庆大学出版社

内容简介

本书分为绪论、实验项目、基本测量原理与技术、附录四个部分。内容包括物理化学实验的基本要求、17个物理化学实验项目、基本测量技术与方法，以及13组常用数据表。

本书可作为高等学校化学与化工类、材料类、药学、生命科学和环境科学等专业物理化学实验教材，也可供其他相关专业选用和相关技术人员参考。

图书在版编目(CIP)数据

简明物理化学实验 / 刘新露，司玉军，李敏娇编. -- 3版. -- 重庆 : 重庆大学出版社，2023.8
高等学校实验课系列教材
ISBN 978-7-5689-4165-5

Ⅰ.简… Ⅱ.①刘… ②司… ③李… Ⅲ.物理化学—化学实验—高等学校—教材 Ⅳ.①O64-33

中国国家版本馆CIP数据核字(2023)第159323号

简明物理化学实验
(第三版)
刘新露　司玉军　李敏娇　编
责任编辑:范　琪　版式设计:范　琪
责任校对:邹　忌　责任印制:张　策
*
重庆大学出版社出版发行
出版人:陈晓阳
社址:重庆市沙坪坝区大学城西路21号
邮编:401331
电话:(023) 88617190　88617185(中小学)
传真:(023) 88617186　88617166
网址:http://www.cqup.com.cn
邮箱:fxk@cqup.com.cn (营销中心)
全国新华书店经销
重庆愚人科技有限公司印刷
*
开本:787mm×1092mm　1/16　印张:10　字数:252千
2014年1月第2版　2023年8月第3版　2023年8月第5次印刷
印数:10 501—13 500
ISBN 978-7-5689-4165-5　定价:35.00元

第三版前言

本次修订重点是对原有实验项目的原理和操作部分进行润色和优化，进一步增强教材的可读性、可理解性和可操作性，充分体现出教材“简明”的特点。针对物理化学实验教学领域新推出的典型实验仪器，本次修订也进行了部分更新，并增加了“甲基红酸解离平衡常数的测定”和“离子迁移数的测定”两个实验项目，以更好地满足多学时专业教学需求。

在本次修订中，四川轻化工大学物理化学教研室及实验中心的任旺、曾俊、王涛、熊中平等老师提出了许多宝贵意见，本次修订也得到了四川轻化工大学教材建设基金的支持，在此向他们致以衷心的感谢！

由于编者水平有限，书中难免有错漏与不足之处，敬请广大读者批评指正。

编　者

2023 年 5 月

第二版前言

近年来,随着国家不断对高等学校进行加大投入,我国高等教育得到了持续发展,这对基础实验课程——物理化学实验提出了更高的要求。物理化学实验的教学体系、教学内容以及仪器、方法和技术等得到了持续的发展更新,我们参照现代教学改革成果,结合当前学生的发展情况,对本教材进行了修订。

这次修订仍以工科相关专业学生为主要对象,除了原有的热、力、电、光、磁所选择的实验项目以外,补充了胶体方面的实验内容,使用范围可扩大至化学专业的理科学生。除此之外,本书在修订过程中,收集整理了多位教师对实验教学改革的意见,结合学生的实际情况,对仪器方法得到改进的实验进行了修改,加强了与物理化学理论课程的联系,并对原版的少数错误及遗漏进行修订和补充。

在本书的修订再版过程中,物理化学教研室及实验中心的何锡阳、李慎新、邹立科、曾俊、王莹、王涛、谯康全、陈晓霞、马迪等老师对本书的修订提出了许多宝贵意见,并得到了四川理工学院教改和教材建设基金的支持,在此,我们再次对以上单位和个人致以衷心的感谢!

编　者

2013 年 5 月

前　言

本书是化学、化工、生物、材料类专业基础课"物理化学"的配套教学内容。当前,化学类课程体系发生了较大调整,表现为理论课时减少、实验课与理论课分离,突出实验课在人才培养中的重要性。同时,工科专业"物理化学实验"的课时也非常有限,如何在有限的时间及实验项目中使学生掌握物理化学实验的基本内涵,提高实验素养,为学生在高年级开设的专业实验打下良好的基础,是值得探索的新课题。此外,近年来物理化学实验仪器设备更新换代加速,实验室资源发生了明显改变,任何一本实验教材都不可能涵盖所有的物理化学实验项目。

基于以上思考,编者着手编写了本书。本书具有以下特点:第一,对物理化学实验的基础理论给予较多的篇幅。编者在教学中发现不少同学存在不能理解物理化学实验的基本特征、对物理化学实验数据的处理不够科学、缺乏良好的实验习惯等问题。这正是编者在"绪论"部分所强调的内容。第二,实验项目的选取"广而简"。本书对常见物理化学的领域,如热、力、电、光、磁,均选择了一定的实验项目,但这些项目一般为常见的2~3个。对于其他的一些物理化学实验项目,我们以"附录"的形式将其标题列出,感兴趣的读者可通过其他途径查阅。第三,在每个实验项目中,对实验原理的叙述尽量与理论课程联系起来,避免学生产生脱节的感觉。第四,部分实验项目加入了"延伸阅读",将实验与实际联系起来。我们希望这种安排是有益的尝试。

本书是在我校物理化学教研室和实验中心诸位同人长期实验教学的成果。何锡阳、任旺、王涛、邹立科、钟俊波、陈晓霞、马迪、谯康全、曾俊等老师对本书的编写提出了许多宝贵意见,并收集整理了部分资料。本书的编写得到了化学与制药工程学院李建章院长的大力支持,并得到了四川理工学院教改和教材建设基金的支持。在此,我们一并对以上个人和单位致以衷心的感谢!

由于本书变革力度较大,加之编者水平有限,虽经过多次反复修改,仍难免有不妥和错误之处,恳请读者予以批评指正。

编　者

2009年3月

目 录

第 1 章

绪　论

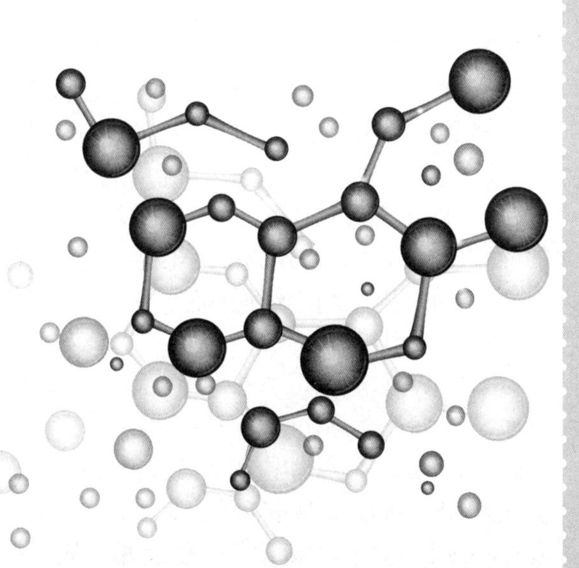

1.1 物理化学实验的目的和要求

1.1.1 物理化学实验的目的

物理化学实验是化学教学体系中一门独立的课程,它与物理化学理论课程的关系最为密切,但又有明显的区别。物理化学注重理论知识的掌握,物理化学实验则要求学生能够熟练运用物理化学原理解决实际化学问题。它有其自身的系统性与教学规律,以培养学生素质与能力为主线,对学生加强实验方法与原理的训练和培养,让学生具有完整的实验科学研究思维空间,逐步确立开拓与创新能力。物理化学实验是化学基础课之一,属实验技术基础课程,面向化工、无机、冶金、环境、材料、生物工程等专业。

物理化学实验有两大特点:

第一,主要是使用仪器或若干仪表组成一个实验体系对某个物理化学性质进行测定,进而研究化学反应基本规律。因此,实验技术在物理化学实验中十分重要。随着实验技术的不断更新和发展,实验仪器也朝着快速、准确、便捷的方向发展。

第二,由于物质的物理化学性质和化学反应性能往往是间接测量得到,需利用数学的方法与策略对数据加以整合和综合运算,才能得到所需的结果。因此,物理化学实验具有培养综合实验能力和科学研究能力的特点。

物理化学实验的教学目的是让学生通过各种类型实验项目的训练,了解、熟悉和掌握物理化学实验技能、技术、手段和方法,更重要的是了解各种实验研究方法的应用,培养学生的化学素质和创新意识,为将来从事化学理论研究和与化学相关的实践活动打下基础。

1.1.2 物理化学实验的要求

物理化学实验课程和其他实验课程一样,着重培养学生的动手能力。物理化学是整个化学学科的基本理论基础,物理化学实验是物理化学基本理论的具体化、实践化,是对整个化学理论体系的实践检验。物理化学实验方法不仅对化学学科十分重要,而且在实际生活中也有着广泛的应用,如对温度、压力等物理性质的测量。在日常生活中,体温的测量以及高血压患者血压的监测都是必不可少的,使用方便、价格便宜、数字化的温度计和压力计是人们所需要的,而现有的温度计和压力计并不能满足人们的需求。因此,对于物理化学实验来说,不应局限于化学的范围,而应该在弄懂原理的基础上举一反三,把所学的实验方法应用于实际,这样才能真正有所收获。

本书着重强调实验方法的重要性。一方面,方法的好坏对实验结果有直接的影响;另一方面,对于每个物理化学性质,往往都有几种不同的方法加以测定,如测定液体的饱和蒸气压有静态法、动态法、气体饱和法等多种方法,要学会对不同方法加以分析比较,找出其各自的优缺点,在实际应用中才能得心应手。在实验过程中不要对书本上的东西过于迷信,应该抱着怀疑的态度,多动脑筋,多思考,才能发现问题,解决问题。

为了做好实验，要求具体做好以下几点：

1）预习

在实验前，应仔细阅读实验内容，明确实验目的和要求，掌握实验所依据的实验原理和实验方法，了解所用仪器的构造和使用方法，明确实验要测定的数据及操作步骤，在预习的基础上写出实验预习报告。预习报告要求写出实验目的、原理、仪器、试剂、实验步骤、注意事项、实验时所要记录的数据表格，以及预习中产生的疑难问题等。

实验前的预习是否充分，不仅直接影响实验效果，而且关系到实验能否正常进行。

2）实验过程

实验过程是培养学生动手能力和科研素质的有效途径。实验中既要有严谨的科学态度，还要积极思考，善于发现问题，解决问题。

在实验操作开始前，应认真听取指导老师的讲解，特别注意老师提到的与实验讲义不同的部分。在实验操作过程中，应严格按照实验操作规程进行，仔细观察实验现象，并在预习报告中清楚、整齐、真实、客观地记录原始数据（包括实验日期、室温、大气压、仪器型号、试剂名称等内容）。实验数据记录必须完整、准确，不得随意更改实验数据，或选择性地记录“好”的数据，舍弃“不好”的数据。

在实验过程中，公用的试剂、器具、仪器不要随意变换原有的位置，用毕立即放回原处；要保持实验仪器、实验台面的整洁。

实验完毕后，将实验记录交指导老师检查，合格后再拆卸实验装置，整理和清洁实验所用的仪器、药品和其他用品，征得老师同意后方可离开实验室。

3）实验报告

实验报告是实验的总结，可把感性认识上升到理性认识，是培养学生思维能力的有效方法。实验报告要求字迹工整，整齐清洁，语句通顺，格式统一。实验报告内容包括实验名称、实验日期、室温、外界大气压、实验目的、实验原理、仪器及试剂、数据处理、结果和讨论、结论及建议。

实验目的应简单明了，说明实验方法及研究对象。

实验原理应在弄懂的基础上，用自己的语言表述出来，而不是简单抄书。

数据处理应写出计算公式，并注明公式所用的已知常数的数值及量纲。实验数据经归纳、处理，才能合理表达和得出满意的结果。结果处理一般有列表法、作图法、数学方程法以及计算机处理等方法。

结果讨论的内容可包括对实验现象的分析和解释，以及关于实验原理、操作、仪器设计和实验误差等问题的讨论，或实验成功与否的经验教训的总结。

1.1.3　物理化学实验室安全知识

1）安全用电常识

违章用电常常可能造成人身伤亡、火灾、损坏仪器设备等严重事故。物理化学实验室使用电器较多，特别要注意安全用电。主要有以下几点：

①在使用前，先了解电器仪表要求使用的电源是交流电还是直流电；是三相电还是单相电以及电压的大小；弄清电器功率是否符合要求及直流电器仪表的正、负极。

②操作仪器时，手要保持干燥，不要用手去摸电源。

③在安装和拆除接线等工作时,一定要在断电的状态下进行操作。

④实验结束后,应关闭仪器开关,拔掉仪器接线插头。

⑤如有人触电,应迅速切断电源,然后进行抢救。

⑥如遇电线起火,应立即切断电源,用干砂或二氧化碳、四氯化碳灭火器灭火,禁止用水或泡沫灭火器等导电液体灭火。

2)使用化学药品的安全防护

(1)防毒

①实验前,应了解所用药品的毒性及防护措施。

②操作有毒气体(如 H_2S、Cl_2、Br_2、NO_2、浓 HCl 和 HF 等)应在通风橱内进行。

③氰化物、高汞盐(如 $HgCl_2$、$Hg(NO_3)_2$等)、可溶性钡盐(如 $BaCl_2$)、重金属盐(如镉、铅盐)、As_2O_3等剧毒药品,应妥善保管,使用时要特别小心。

④禁止在实验室内喝水、吃东西。饮食用具不要带进实验室,以防毒物污染,离开实验室及饭前要洗净双手。

(2)防爆

可燃气体与空气混合,当两者比例达到爆炸极限时,受到热源(如电火花)的诱发,就会引起爆炸。

①使用可燃性气体时,要防止气体逸出,室内通风要良好。

②操作大量可燃性气体时,严禁同时使用明火,还要防止发生电火花及其他撞击火花。

③有些药品,如叠氮化合物、乙炔银、乙炔铜、高氯酸盐、过氧化物等受震动和受热都易引起爆炸,使用时要特别小心。

④严禁将强氧化剂和强还原剂放在一起。

(3)防火

实验室防火主要有两个方面:第一,防止带电设备或带电系统着火,用电一定要按规定操作。第二,防止化学试剂着火。许多有机试剂属于易燃品,使用时应远离火源。

实验室如果着火不要惊慌,应根据情况进行灭火,常用的灭火剂及工具有:水、干砂、二氧化碳灭火器、四氯化碳灭火器、泡沫灭火器和干粉灭火器等。可根据起火的原因选择使用,以下几种情况不能用水灭火:

①金属钠、钾、镁、铝粉、电石、过氧化钠着火,应用干砂灭火。

②比水轻的易燃液体,如汽油、苯、丙酮等着火,应用泡沫灭火器灭火。

③有灼烧的金属或熔融物的地方着火时,应用干砂或干粉灭火器灭火。

④电器设备着火,应先切断电源,再用二氧化碳灭火器或四氯化碳灭火器灭火。

(4)防灼伤

强酸、强碱、强氧化剂、溴、磷、钠、钾、苯酚、冰醋酸等都会腐蚀皮肤,特别要防止溅入眼内。液氧、液氮等低温也会严重灼伤皮肤,使用时要小心,如有灼伤应及时治疗。

3)汞的安全使用

汞在物理化学实验中的应用很普遍,如气压计、水银温度计、含汞电极等都要用到汞。

汞中毒分急性和慢性两种。急性中毒多为高汞盐,如 $HgCl_2$入口 0.1~0.3 g 即可致死。吸入汞蒸气会引起慢性中毒,症状有食欲不振、恶心、便秘、贫血、骨骼和关节疼、精神衰弱等。使用汞必须严格遵守安全操作规定。

若有汞掉落在桌上或地面上，先用吸汞管尽可能将汞珠收集起来，然后用硫黄盖在汞溅落的地方，并摩擦使之生成 HgS。也可用 $KMnO_4$溶液使其氧化。擦过汞或汞齐的滤纸或布必须放在有水的瓷缸内。

4)环境安全

化学药品大多具有一定的毒性，随意排放会造成环境污染。实验操作结束后，废弃的药品能回收的最好回收，不能回收的一定要按要求进行处理后才能排放。实验废弃的药品要在符合环保要求的情况下排放。

1.2 实验数据的测量和有效数字数据处理

1.2.1 实验误差分析

化学是一门实验科学，实验工作大部分是定量地研究因果关系，这就涉及物理量的测量。例如测量的质量、体积、密度，以及浓度、压强等都是物理量。在测定某一物理量时，往往要求实验结果具有一定的准确度，否则将导致错误的结论。由于受分析方法、测量仪器、所用的试样和分析工作者主观条件等方面的限制，所得结果不可能绝对准确，总伴有一定的误差。在分析过程中，误差是客观存在的。在一定条件下测定的结果，只能趋近于真实值，而不能达到真实值。因此，我们不仅要得到被测组分的含量，而且必须对分析结果进行评价，判断分析结果的准确性(可靠程度)，检查产生误差的原因，采取减小误差的有效措施，从而不断提高分析结果的准确程度。

根据误差的性质与产生的原因，可将测量误差分为系统误差、偶然误差和过失误差。

1)系统误差

在相同条件下，对某一物理量进行多次测量时，测量误差的绝对值和符号保持恒定(即恒偏大或恒偏小)，这种测量误差称为系统误差。产生系统误差的原因有：

①实验方法的理论根据有缺点，或实验条件控制不严格，或测量方法本身受到限制。

②仪器不准或不灵敏，仪器装置精度有限，试剂纯度不符合要求等。

③个人习惯误差，如读滴度管读数常偏高(或常偏低)，计时常常太早(或太迟)等。

系统误差决定了测量结果的准确度。通过校正仪器刻度、改进实验方法、提高药品纯度、修正计算公式等方法可减少或消除系统误差。但有时很难确定系统误差的存在，往往是用几种不同的实验方法或改变实验条件，或者不同的实验者进行测量，以确定系统误差的存在，并设法减少或消除之。

2)偶然误差

在相同实验条件下，多次测量某一物理量时，每次测量的结果都会不同，它们围绕着某一数值无规则地变动，误差绝对值时大时小，符号时正时负。这种测量误差称为偶然误差。产生偶然误差的原因可能有：

①实验者对仪器最小分度值以下的估读，每次很难相同。

②测量仪器的某些活动部件所指测量结果，每次很难相同，尤其是质量较差的电学仪器最为明显。

③影响测量结果的某些实验条件，如温度值，不可能在每次实验中控制得绝对不变。

偶然误差在测量时不可能消除，也无法估计，但是它服从统计规律，即它的大小和符号一般服从正态分布。若以横坐标表示偶然误差，纵坐标表示实验次数(即偶然误差出现的次数)，可得到图 1.1。其中，σ 为标准误差。

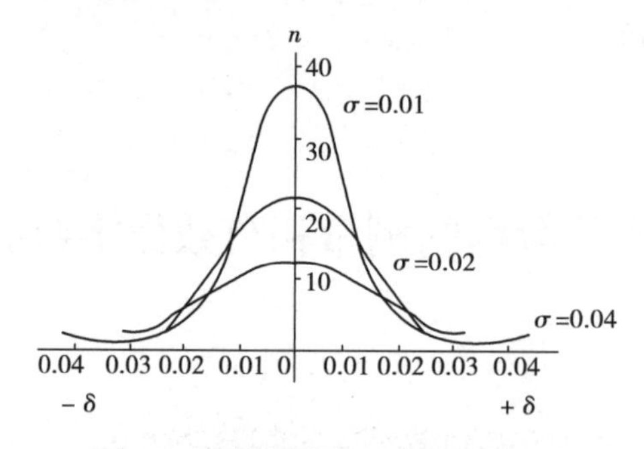

图 1.1　偶然误差的正态分布曲线

由图 1.1 中曲线可见：①σ 越小，分布曲线越尖锐，即是偶然误差小的，出现的概率大。②分布曲线关于纵坐标呈轴对称，也就是说误差分布具有对称性，说明误差出现的绝对值相等，且正负误差出现的概率相等。当测量次数 n 无限多时，偶然误差的算术平均值趋于零：

$$\lim_{x \to \infty} \bar{\delta} = \lim_{x \to \infty} \frac{1}{n} \sum_{i=1}^{n} \delta_i = 0$$

因此，为减少偶然误差，常常对被测物理量进行多次重复测量，以提高测量的精确度。

3) 过失误差

过失误差是由实验者在实验过程中不应有的失误而引起的，如数据读错、记录错、计算出错，或实验条件失控而发生突然变化等。只要实验者细心操作，这类误差是完全可以避免的。

1.2.2　准确度和精密度

准确度指的是测量结果的准确性。测量值越接近真值，则准确度越好。精密度指的是多次测量某物理量时，其数值的重现性。重现性好，精密度高。准确度与精密度的区别可由射击手打靶的情况作一比喻。如图 1.2 所示，图(a)表示准确度和精密度都很好；图(b)因能集中射中一个区域，精密度高，但准确度不高；图(c)的数据离散，精密度和准确度都不好。

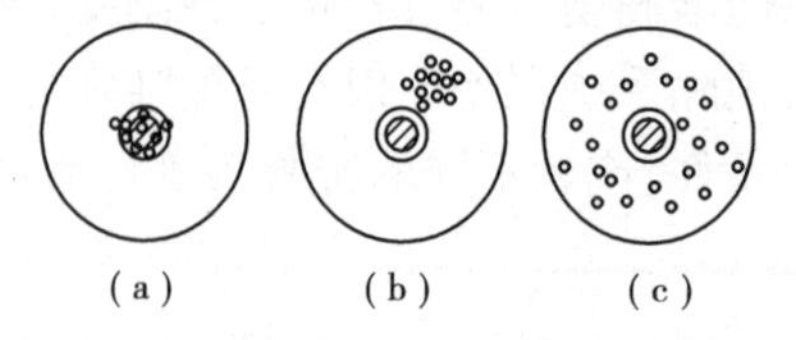

图 1.2　测量的准确度和精密度示意图

应说明的是，真值一般是未知的，或不可知的。通常以用正确的测量方法和经校正过的仪器，进行多次测量所得算术平均值或文献手册的公认值作为真值。

1.2.3　误差的表示方法

1）测量误差和测量偏差

严格说来,测量误差和测量偏差是有区别的,二者的定义式如下:

$$\text{绝对误差 } d_i = \text{测量值 } x_i - \text{真值} x_{\text{真}}$$

$$\text{绝对偏差 } \delta_i = \text{测量值 } x_i - \text{平均值} \bar{x}$$

由于真值$x_{\text{真}}$是未知的,习惯上以 $\bar{x}$作为 $x_{\text{真}}$,因而误差和偏差也可混用而不加以区别。

$$\text{相对误差} = \frac{\delta_i}{\bar{x}} \times 100\%$$

绝对误差的单位与被测量的单位相同,而相对误差是无因次的。因此不同的物理量的相对误差可以互相比较。此外,相对误差还与被测量的大小有关。所以在比较各种被测量的精密度或评定测量结果质量时,采用相对误差更合理些。

2）平均误差和标准误差

平均误差定义为:

$$\bar{\delta} = \frac{\sum_{i=1}^{n} |x_i - \bar{x}|}{n} = \frac{1}{n}\sum_{i=1}^{n} |\delta_i|$$

标准误差又称为均方根误差,以 σ 表示,定义为:

$$\sigma = \sqrt{\frac{1}{n-1}\sum_{i=1}^{n} (x_i - \bar{x})^2} = \sqrt{\frac{1}{n-1}\sum_{i=1}^{n} \delta_i^2}$$

式中　n——测量次数。

用标准误差表示精密度比用平均误差好。用平均误差评定测量精度的优点是计算简单,缺点是可能把质量不高的测量给掩盖了。而用标准误差时,测量误差平方后,较大的误差更显著地反映出来,更能说明数据的分散程度。因此在精密地计算测量误差时,大多采用标准误差。

1.2.4　可疑观测值的取舍

在一组平行测定值中常常出现某一两个测定值比其余测定值明显偏大或偏小,称为可疑值(离群值)。离群值的取舍会影响结果的平均值,尤其当数据少时影响更大,因此在计算前必须对离群值进行合理的取舍。若离群值不是明显的过失造成的,就要根据随机误差分布规律决定取舍。取舍方法很多,如 3σ 准则、t 检验法等,从统计观点考虑,比较严格而又使用方便的是 Q 检验法。

Q 检验法由迪克森(W.J.Dixon)于1951年提出,适合测定次数为3~10时的检验,其步骤如下:

①将所得的数据按递增顺序排列 $x_1, x_2, \cdots, x_n$。

②计算统计量。

若 x_1为可疑值:

$$Q_{\text{计}} = \frac{x_2 - x_1}{x_n - x_1}$$

若x_n为可疑值,则:

$$Q_{计} = \frac{x_n - x_{n-1}}{x_n - x_1}$$

式中,分子为可疑值与相邻的一个数值的差值,分母为整组数据的极差。$Q_{计}$越大,说明x_1或x_n离群越远,到一定界限时应舍去。$Q_{计}$称为"舍弃商"。统计学家已计算出不同置信度的Q值。

③选定置信度P,由相应的n查出Q。当$Q_{计}>Q$时,可疑值应弃去,否则应予以保留。表1.1为90%、95%的Q值表。

表1.1 90%、95%的Q值表

n	3	4	5	6	7	8	9	10
$Q_{0.90}$	0.94	0.76	0.64	0.56	0.51	0.47	0.44	0.41
$Q_{0.95}$	1.53	1.05	0.86	0.76	0.69	0.64	0.60	0.58

1.2.5 误差传递——间接测量结果的误差计算

测量分为直接测量和间接测量两种。一切简单易得的量均可直接测量,如用米尺量物体的长度,用温度计测量体系的温度等。对于较复杂而不易直接测得的量,可通过直接测定简单量,而后按照一定的函数关系将它们计算出来。这就是间接测量结果。每个直接测量值的准确度都会影响最后结果的准确性。

下面给出了误差传递的定量公式。通过间接测量结果误差的计算,可以知道哪个直接测量值的误差对间接测量结果影响最大,从而可以有针对性地提高测量仪器的精度,获得好的结果。

1)间接测量结果误差的计算

设有函数$u=F(x,y)$,其中x,y为可以直接测量的量,则:

$$\mathrm{d}u = \left(\frac{\partial F}{\partial x}\right)_y \mathrm{d}x + \left(\frac{\partial F}{\partial y}\right)_x \mathrm{d}y$$

此为误差传递的基本公式。若$\Delta u,\Delta x,\Delta y$为$u,x,y$的测量误差,且设它们足够小,可以代替$\mathrm{d}u,\mathrm{d}x,\mathrm{d}y$,则得到具体的简单函数及其误差的计算公式,见表1.2。

表1.2 部分函数的平均误差计算公式

函数关系	绝对误差	相对误差
$y=x_1+x_2$	$\pm(\lvert\Delta x_1\rvert+\lvert\Delta x_2\rvert)$	$\pm\left(\frac{\lvert\Delta x_1\rvert+\lvert\Delta x_2\rvert}{x_1+x_2}\right)$
$y=x_1-x_2$	$\pm(\lvert\Delta x_1\rvert+\lvert\Delta x_2\rvert)$	$\pm\left(\frac{\lvert\Delta x_1\rvert+\lvert\Delta x_2\rvert}{x_1-x_2}\right)$
$y=x_1x_2$	$\pm(x_1\lvert\Delta x_2\rvert+x_2\lvert\Delta x_1\rvert)$	$\pm\left(\frac{\lvert\Delta x_1\rvert}{x_1}+\frac{\lvert\Delta x_2\rvert}{x_2}\right)$

续表

函数关系	绝对误差	相对误差
$y=\dfrac{x_1}{x_2}$	$\pm\left(\dfrac{x_1\mid\Delta x_2\mid+x_2\mid\Delta x_1\mid}{x_2^2}\right)$	$\pm\left(\dfrac{\mid\Delta x_1\mid}{x_1}+\dfrac{\mid\Delta x_2\mid}{x_2}\right)$
$y=x^n$	$\pm(nx^{n-1}\Delta x)$	$\pm\left(n\dfrac{\Delta x}{x}\right)$
$y=\ln x_1$	$\pm\left(\dfrac{\Delta x}{x}\right)$	$\pm\left(\dfrac{\Delta x}{x\ln x}\right)$

2)间接测量结果的标准误差计算

若 $u=F(x,y)$,则函数 u 的标准误差为:

$$\sigma_u=\left(\frac{\partial u}{\partial x}\right)^2\sigma_x^2+\left(\frac{\partial u}{\partial y}\right)^2\sigma_y^2$$

部分函数的标准误差计算公式见表1.3。

表1.3　部分函数的标准误差计算公式

函数关系	绝对误差	相对误差
$u=x\pm y$	$\pm\sqrt{\sigma_x^2+\sigma_y^2}$	$\pm\dfrac{1}{\mid x\pm y\mid}\sqrt{\sigma_x^2+\sigma_y^2}$
$u=xy$	$\pm\sqrt{y^2\sigma_x^2+x^2\sigma_y^2}$	$\pm\sqrt{\dfrac{\sigma_x^2}{x^2}+\dfrac{\sigma_y^2}{y^2}}$
$u=\dfrac{x}{y}$	$\pm\dfrac{1}{y}\sqrt{\sigma_x^2+\dfrac{x^2}{y^2}\sigma_y^2}$	$\pm\sqrt{\dfrac{\sigma_x^2}{x^2}+\dfrac{\sigma_y^2}{y^2}}$
$u=x^n$	$\pm nx^{n-1}\sigma_y^2$	$\pm\dfrac{n}{x}\sigma$
$u=\ln x$	$\pm\dfrac{\sigma_x}{x}$	$\pm\dfrac{\sigma_x}{x\ln x}$

1.2.6　有效数字

当人们对一个测量的量进行记录时,所记数字的位数应与仪器的精密度相符合,即所记数字的最后一位为仪器最小刻度以内的估计值,称为可疑值,其他几位为准确值,这样一个数字称为有效数字,它的位数不可随意增减。例如,普通50 mL的滴定管,最小刻度为0.1 mL,则记录26.55是合理的;记录26.5和26.556都是错误的,因为它们分别缩小和夸大了仪器的精密度。为了方便地表达有效数字位数,一般用科学记数法记录数字,即用一个带小数的个位数乘以10的相当幂次表示。例如0.000 567可写为 5.67×10^{-4},有效数字为3位;10 680可写为 $1.068\ 0\times10^4$,有效数字是5位,如此等等。用以表达小数点位置的零不计入有效数字位数。

在间接测量中,须通过一定公式将直接测量值进行运算,运算中对有效数字位数的取舍应遵循如下规则:

①误差一般只取一位有效数字,最多两位。

②有效数字的位数越多,数值的精确度也越大,相对误差越小。

③若第一位的数值等于或大于8,则有效数字的总位数可多算一位,如9.23虽然只有3位,但在运算时,可以看作4位。

④运算中舍弃过多不定数字时,应用"4舍6入,逢5尾留双"的法则,例如有下列两个数值:9.435,4.685整化为三位数,根据上述法则,整化后的数值为9.44与4.68。

⑤在加减运算中,各数值小数点后所取的位数,以其中小数点后位数最少者为准。例如:

$$56.38 + 17.889 + 21.6 = 56.4 + 17.9 + 21.6 = 95.9$$

⑥在乘除运算中,各数保留的有效数字应以其中有效数字最少者为准。例如:

$$1.436 \times 0.020\,568 \div 85$$

其中,85的有效数字最少,由于首位是8,所以可以看成3位有效数字,其余两个数值也应保留3位,最后结果也只保留3位有效数字。则:

$$1.44 \times 0.206 \div 85 = 3.49 \times 10^{-4}$$

⑦在乘方或开方运算中,结果可多保留一位。

⑧对数运算时,对数中的首数不是有效数字,对数尾数的位数应与各数值的有效数字相当。例如:

$$[H^+] = 7.6 \times 10^{-4}, \quad pH = 3.12,$$
$$K = 3.4 \times 10^{9}, \quad \lg K = 9.35$$

⑨算式中,常数 p,e 和某些取自手册的常数,如阿伏伽德罗常数、普朗克常数等,不受上述规则限制,其位数按实际需要取舍。

1.3 实验数据的表达

物理化学实验数据的表示法主要有列表法、作图法和数学方程式法3种方法。

1.3.1 列表法

列表法是把实验数据按自变量与因变量对应列成表格,排列整齐,使人一目了然。这是数据处理中最简单的方法,列表时应注意以下几点:

①表格要有名称。

②每行(或列)的开头一栏都要列出物理量的名称和量纲,并把二者表示为相除的形式。因为物理量的符号本身是带有单位的,除以它的单位,即等于表中的纯数字。

③数字要排列整齐,小数点要对齐,公共的乘方因子应写在开头一栏与物理量符号相乘的形式,并为异号。

④表格中表达的数据顺序为:由左到右,由自变量到因变量,可以将原始数据和处理结果列在同一表中,但应以一组数据为例,在表格下面列出算式,写出计算过程。

1.3.2　作图法

作图法更直观地表达实验结果及发展趋向。通过图形能清楚地显示出所研究的变量的变化规律,如极大值、极小值、转折点、周期性、数量的变化速率等重要性质。要注意图的规范:有图名、用坐标纸作图、坐标取点适当、数据点分布合理。用作图法表达物理化学实验数据,根据所作的图形,还可以作切线、求面积,对数据进一步处理。

首先选择坐标纸。坐标纸分为直角坐标纸、半对数或对数坐标纸、三角坐标纸和极坐标纸等几种,其中直角坐标纸最常用。

其次要正确选择坐标标度。要求:能表示全部有效数字;坐标轴上每小格的数值,应可方便读出,且每小格所代表的变量应为1,2,5的整数倍,不应为3,7,9的整数倍;如无特殊需要,可不必将坐标原点作为变量零点,而从略低于最小测量值的数开始,可使作图更紧凑,读数更精确;若曲线是直线或近乎直线,坐标标度的选择应使直线与 x 轴尽量成45°夹角。

最后,将测得的数据以点描绘于图上。在同一个图上,如有几组测量数据,可分别用Δ、×、⊙、○、●等不同符号加以区别,并在图上对这些符号加以注明。

作出各测量点后,用直尺或曲线板画直线或曲线。要求:线条能连接尽可能多的实验点,但不必通过所有的点,未连接的点应均匀分布于曲线两侧,且与曲线的距离应接近相等。曲线要求光滑均匀,细而清晰。连线的好坏会直接影响实验结果的准确性,如有条件,鼓励用计算机作图。

在曲线上作切线,通常用两种方法:

1)镜像法

若需在曲线上某一点 A 作切线,可取一平面镜垂直放于图纸上,也可用玻璃棒代替镜子,使玻璃棒和曲线的交线通过 A 点。此时,曲线在玻璃棒中的像与实际曲线不吻合,如图1.3(a)所示;以 A 点为轴旋转玻璃棒,使玻璃棒中的曲线与实际曲线重合时,如图1.3(b)所示;沿玻璃棒作直线 MN,这就是曲线在该点的法线,再通过 A 点作 MN 的垂线 CD,即可得切线,如图1.3(c)所示。

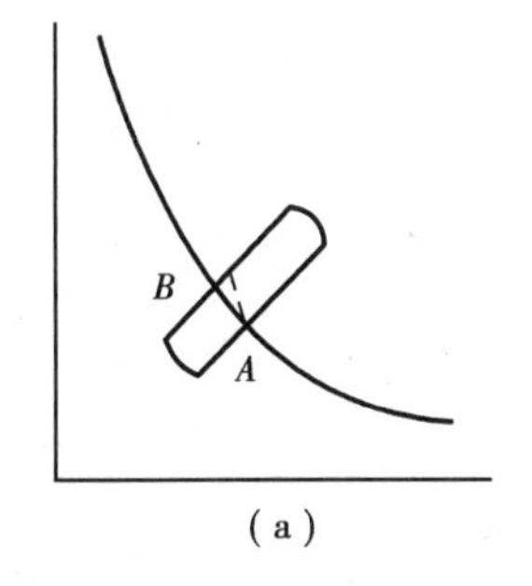

(a)

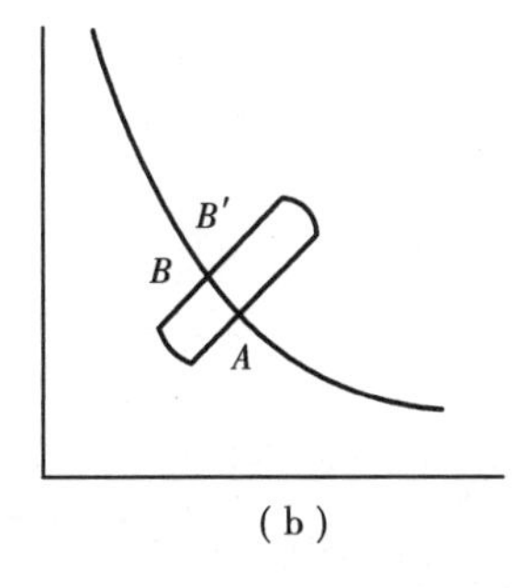

(b)

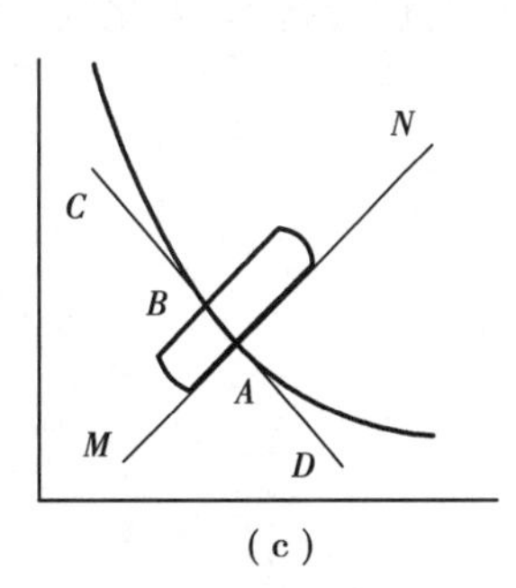

(c)

图1.3　镜像法作切线示意图

2)平行线法

在所选择的曲线段上,作两条平行线 AB,CD,连接两线段的中点 M,N 并延长与曲线交于 O 点,通过 O 点作 CD 的平行线 EF,即为通过 O 点的切线,如图 1.4 所示。

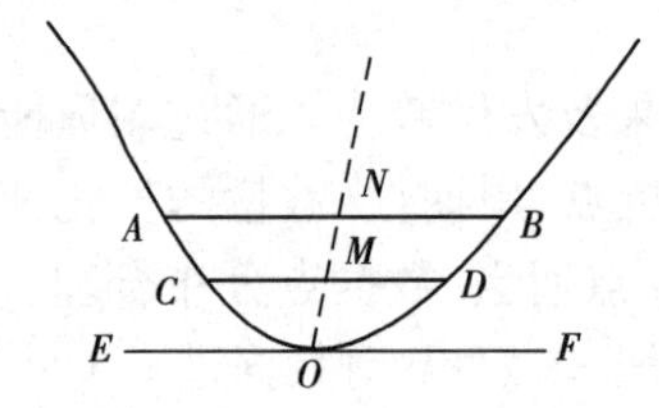

图 1.4 平行线法作切线示意图

1.3.3 解析法

将实验数据按一定的数学方程式编制计算程序,由计算机软件完成数据处理和制作图表。

1.3.4 数据处理方法举例

①图形分析及公式计算。如"有机物燃烧焓的测定""凝固点降低法测定摩尔质量"实验用此方法。

②用实验数据作图或对实验数据计算后作图,然后线性拟合,由拟合直线的斜率或截距求得需要的参数。如"液体饱和蒸气压的测定""蔗糖水解反应速率常数的测定"等实验用此方法。

③非线性曲线拟合,作切线,求截距或斜率。如"电池电动势及温度系数的测定""最大泡压法测定溶液表面张力"等实验用此方法。

第 1 种数据处理方法用计算器即可完成。第 2 种数据处理方法即线性拟合,用 Origin、Excel 等软件在计算机上很容易完成。第 3 种数据处理方法即非线性曲线拟合,也需用 Origin、Excel 等软件在计算机上进行。如果已知曲线的函数关系,可直接拟合出函数,由拟合的参数得到需要的物理量;如果不知道曲线的函数关系,可根据曲线的形状和趋势选择合适的函数和参数,以达到最佳拟合效果。多项式拟合适用于多种曲线,通过对拟合的多项式求导得到曲线的切线斜率,由此进一步处理数据。

第 2 章

实验项目

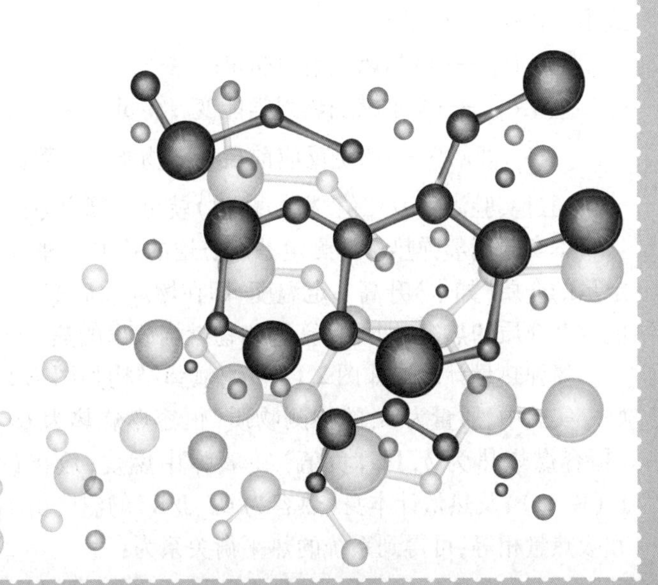

实验 2.1　有机物燃烧焓的测定

2.1.1　实验目的

①理解燃烧焓的定义,掌握恒压热效应与恒容热效应的关系。
②理解氧弹热量计的测量原理。
③掌握用氧弹热量计测定有机物的燃烧焓的方法。

2.1.2　实验原理

在指定温度和压力下,1 mol 物质完全燃烧成指定产物的焓变,称为该物质在此温度下的摩尔燃烧焓,记作 $\Delta_c H_m$。完全燃烧是指 C、H、S 元素的燃烧产物分别为 $CO_2(g)$、$H_2O(l)$、$SO_2(g)$,而N 元素则生成 $N_2(g)$。

根据热力学定义,非体积功为 0 时,焓变等于恒压过程的热效应,所以某物质的燃烧焓 $\Delta_c H_m$也就是 1 mol 该物质燃烧反应的恒压热效应 $Q_{p,m}$。

许多有机物都能迅速而完全地进行氧化反应,这为测定它们的燃烧焓创造了有利条件。

但是,有机物的燃烧反应都有气体参与,并且反应前后气体的量通常要发生变化。因此,不易控制燃烧过程在恒压下进行。

在实际测量中,燃烧反应常在恒容条件下进行,如在氧弹热量计中进行,这样直接测得的是反应过程的恒容热效应 Q_V,即燃烧反应的热力学能变 $\Delta_c U$。若将反应系统中的气体物质视为理想气体,根据热力学理论可得 $\Delta_c H_m$和 $\Delta_c U_m$的关系为:

$$\Delta_c H_m = \Delta_c U_m + \sum v_B(g)RT \quad 或 \quad Q_{p,m} = Q_{V,m} + \sum v_B(g)RT \tag{1}$$

式中　T——反应温度,K;

$\Delta_c H_m$——摩尔燃烧焓,J/mol;

$\Delta_c U_m$——摩尔燃烧热力学能变,J/mol;

$\sum v_B(g)$——燃烧反应前后气体物质计量数代数和,由反应方程式求出。

通过实验测得 $Q_{V,m}$值,根据式(1)就可计算出 $Q_{p,m}$,即燃烧焓的值 $\Delta_c H_m$。

本实验用氧弹热量计测定萘燃烧焓的基本原理是:一定质量萘完全燃烧放出的热可使一定量的介质(如水)升高一定温度,即在燃烧前后产生一定数值的温差,通过实验测出该温差值以及介质的热容,即可计算待测物燃烧放出的热。

氧弹热量计结构如图 2.1 所示,氧弹结构如图 2.2 所示。热量计内筒和外筒之间绝热良好。实验中,质量为 m_a的待测物质(恒容燃烧热为 $Q_{V,m}$,J/mol,负值)和质量为 m_b的点火丝(恒容燃烧热为 q,J/g,负值)在氧弹中燃烧,放出的热可使质量为 m_w的水(比热为 c_w,J/(K·g))及热量计本身(热容为 C_m,J/K)的温度由 T_1升高到 T_2,根据能量守恒定律,放热量和吸热量相等,可得到系统的热平衡关系为:

$$Q_{V,\mathrm{m}} \times \frac{m_\mathrm{a}}{M} + q \times m_\mathrm{b} = -[(C_\mathrm{m} + c_\mathrm{w} \cdot m_\mathrm{w}) \times (T_2 - T_1)] = K \times (T_2 - T_1)] \qquad (2)$$

式中　M——待测物的摩尔质量。

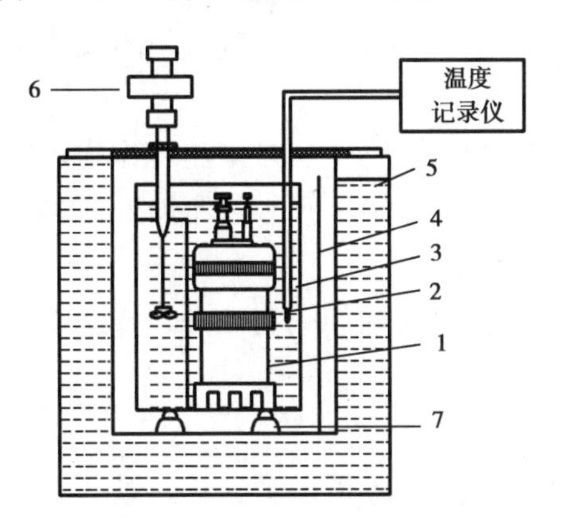

图 2.1　环境恒温式氧弹热量计

1—氧弹;2—温度传感器;3—内筒;
4—空气隔层;5—外筒;6—搅拌器;7—绝热垫

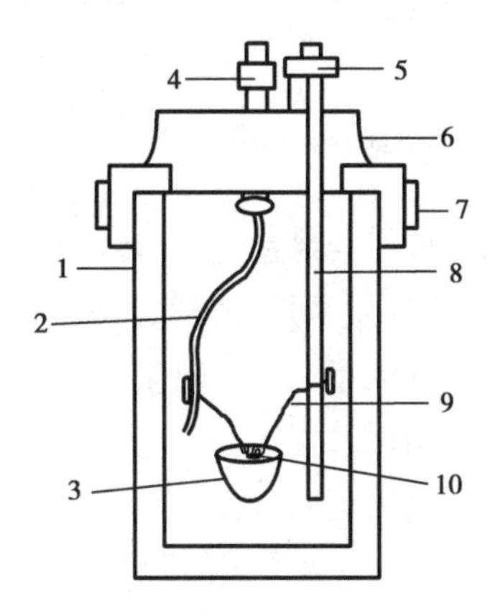

图 2.2　氧弹结构示意图

1—弹体圆筒;2—金属支架; 3—坩埚;4—电极;
5—充气阀;6—橡皮垫圈;7—弹盖;
8—进气筒;9—点火丝;10—样品片

通常,规定系统放热时 Q 取负数。设 $K=-(C_\mathrm{m}+c_\mathrm{w} \cdot m_\mathrm{w})$,一套仪器当内筒中的水量一定时,$K$ 值恒定,因此,称 K 为仪器常数(J/K),常用已知燃烧热值 $Q_{V,\mathrm{m}}$的苯甲酸来测定。测出热量体系的仪器常数 K 后,再用相同方法对待测物进行测定,测出温差值 $\Delta T=T_2-T_1$,代入式(2),即可求得待测物的燃烧 $Q_{V,\mathrm{m}}$或 $\Delta_\mathrm{c} U_\mathrm{m}$。

实际上,氧弹热量计的内筒和外筒间不是严格的绝热系统,加之由于传热速度的限制,燃烧后由最低温度达最高温度需一定的时间,并且有搅拌存在,系统与环境必然发生热交换,因而从温度计上读得的温差就不是真实的温差。为此,必须对读得的温差进行校正。校正的方法可以有作图法(雷诺法)和公式法(奔特公式)。

2.1.3　仪器和试剂

XRY-1A 型氧弹热量计,氧气钢瓶,充氧机,压片机,天平,电子天平,容量瓶(1 000 mL),苯甲酸(分析纯,$Q_{V,\mathrm{m}}=-3\ 227.51$ kJ/mol),萘(分析纯),专用燃烧镍丝($q=-1\ 525$ J/g)。

2.1.4　实验步骤

1) 用苯甲酸测定仪器常数

①准备点火丝。量取长约 10 cm 点火丝,在电子天平上准确称重,得 m_b 值。在直径约 1 mm 的柱状棒上,将其中段绕成螺旋形 5~6 圈,以增加与样品的接触。

②压片。用天平粗称 0.9~1.1 g 苯甲酸,在压片机上压成圆片。小心除掉易脱落部分后,将样品放在干净的称量纸上,在电子天平上精确称量,得 m_a 值。

③装氧弹。将氧弹盖取下放在专用架上,用滤纸擦净电极及坩埚。用镊子将样品放入坩埚,**凹面朝上**。点火丝两端固定在电极柱缺口上,中部螺旋部分紧贴样品的上表面(**注意:点**

图 2.3 点火丝与样品

火丝不可与坩埚接触),如图 2.3 所示,小心旋紧氧弹盖。

④充氧气。将氧弹接入充氧机,打开氧气钢瓶上的总开关,轻轻旋进减压阀螺杆(拧紧即是打开减压阀),拉下充氧机柄杆,使氧气进入氧弹内,待压力表指到 1.8~2.0 MPa 时停止,关闭氧气钢瓶总开关,并拧松减压阀螺杆。

⑤安装热量计。外筒中装满自来水,读出外筒温度作为环境温度。内筒放在绝缘垫上,氧弹放在内筒正中央铁架上,接好点火插头,用容量瓶加入 3 000 mL 自来水,检查氧弹是否漏气。关上量热计上盖,插入温度传感器。

⑥数据测量。打开热量计电源,打开搅拌,设定温度读数时间间隔为 30 s。待温度基本稳定后开始记录温度。

整个数据记录分为 3 个阶段:

a.初期。点火燃烧前阶段。这一阶段观测周围环境与量热体系在实验开始温度下的热交换关系。每隔 60 s 读取温度 1 次,共读取 6 次。

b.主期。在读取初期最末 1 次数值的同时,按一下"点火"按钮 3 s 以上点燃样品,即进入主期。此时每 30 s 读取温度 1 次,直到温度上升缓慢或开始下降的第 1 次温度为止(见末期说明)。若点火后 1 min 内未看见温度有明显迅速的上升,说明点火不成功,应停止实验,查找原因后重做。

c.末期。若燃烧后温度上升缓慢,如温度变化小于 0.005 ℃,或出现温度下降,可视为进入末期。这一阶段的目的与初期相同,是观察实验后期的周围环境与量热体系热交换关系。此阶段仍是每 30 s 读取温度 1 次,共读取 10 次。

停止测量温度后,取出温度传感器,取出氧弹,放尽其中的气体,取下氧弹盖。检查样品是否燃烧完全,若氧弹中有烟黑或有未燃尽的残余,表明实验失败,应重做。

2)萘的燃烧焓的测定

①倒出内筒中的水,重新加入 3 000 mL 自来水。

②称取 0.8~1 g 萘,用与"用苯甲酸测定仪器常数"相同的方法进行测定萘燃烧过程的温度变化。

③实验结束,用干布将氧弹内外表面擦拭干净。

2.1.5 数据处理(用公式法校正温差)

1)仪器常数计算

$$K = \frac{\left[Q_{V,\mathrm{m}} \times \dfrac{m_\mathrm{a}}{M} + q \times m_\mathrm{b}\right]}{\left[(T_2 - T_1) + \Delta t\right]} \tag{3}$$

式中 M——苯甲酸的摩尔质量;

T_1——主期的第一个温度(即点火温度);

T_2——主期的最后一个温度;

Δt——量热计热交换温差校正值。

其余参数与式(1)相同。

2)奔特公式计算温差校正值 Δt

$$\Delta t=\frac{n(v+v_1)}{2}+v_1 r \tag{4}$$

式中　v——初期温度变化率;

v_1——末期温度变化率;

n——在主期中每 30 s 温度上升不小于 0.3 ℃的间隔数,第一间隔不管温度升高多少度,都计入 n 中;

r——在主期每 30 s 温度上升小于 0.3 ℃的间隔数。

3)记录及计算示例

记录及计算示例见表 2.1。

室温:22.3 ℃;

外筒(环境)温度:22.5 ℃;

苯甲酸质量 $m_a=1.1071$ g;

点火丝质量 $m_b=0.0219$ g。

$$v=\frac{22.848-22.853}{10}=-0.000\,5$$

$$v_1=\frac{24.861-24.851}{10}=0.001$$

$$\Delta t=\frac{(-0.0005+0.001)\times 3}{2}+0.001\times 12=0.012\,75(℃)$$

$$q\times m_b=-1\,525\times 0.0219=-33.44(\mathrm{J})$$

$$K=\frac{\dfrac{-3\,227\,510\times 1.107\,1}{122}-33.44}{24.861-20.853+0.0127\,5}=-14\,509(\mathrm{J/℃})$$

表 2.1　苯甲酸燃烧实验数据

读数序号(每 30 s)	初期温度/℃	主期温度/℃	末期温度/℃
0	22.848		
1		23.090	24.860
2	22.849	23.930	24.859
3		24.390	24.858
4	22.850	24.610	24.857
5		24.722	24.856
6	22.851	24.782	24.855
7		24.817	24.854
8	22.852	24.837	24.853

续表

读数序号(每 30 s)	初期温度/℃	主期温度/℃	末期温度/℃
9		24.849	24.852
10	22.853(点火)	24.856	24.851
11		24.860	
12		24.861	
13		24.862	
14		24.862	
15		24.861	

4)萘的恒容燃烧热计算

温差校正方法同“仪器常数计算”一节。

萘燃烧反应方程式为:

$$C_{10}H_8(s) + 12\ O_2(g) \longrightarrow 10\ CO_2(g) + 4\ H_2O(l)$$

$$Q_{V,m} = \{K \times [(T_2 - T_1) + \Delta t] - q \times m_b\} \times \frac{M}{m_a}$$

$$\Delta_c H_m = Q_{P,m} = \Delta_c U_m + \sum v_B(g)RT = Q_{V,m} - 2RT$$

T 为反应温度,可用按下点火按钮时记下的温度读数。

2.1.6 注意事项

①样品压片要压紧。

②氧弹充气时要注意安全,注意操作,人应站在侧面,手上不可附有油腻物。

③每次使用钢瓶时,应在老师指导下进行。

④试样燃烧焓的测定和仪器常数的测定,应尽可能在相同条件下进行。

⑤为防止传感器折断,打开量热计盖子前先取出温度传感器。

2.1.7 思考题

①本实验中如何考虑系统与环境?

②固体样品为什么要压成片状?如何测定液体样品的燃烧热?

③如何用萘的燃烧焓数据来计算萘的标准生成焓?

2.1.8 延伸阅读

①石油、煤炭、天然气等燃料的质量与其热值有关;对于食品,也经常关注其热值的大小。这里的热值就可用本实验方法进行测定。

②用雷诺法校正温差具体方法为:将燃烧前后观察所得的一系列水温和时间关系作图,得一曲线,如图 2.4 所示。

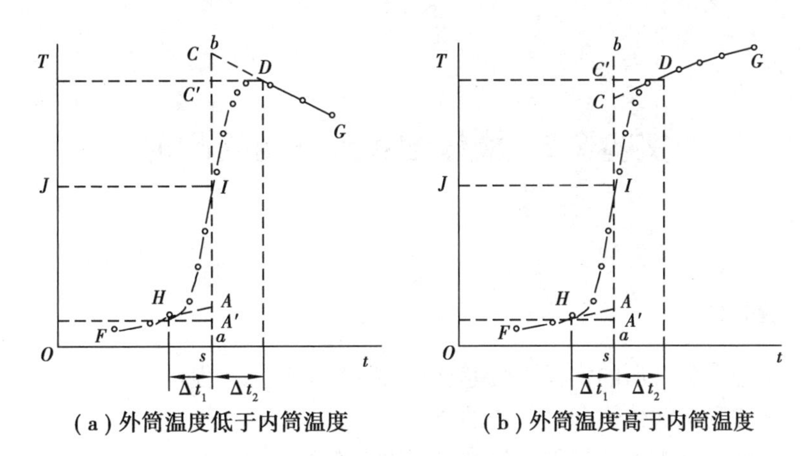

(a) 外筒温度低于内筒温度　　(b) 外筒温度高于内筒温度

图 2.4　雷诺法校正温差

在图 2.4(a)中,H 点意味着燃烧开始,热传入介质(水);D 点为观察到的最高温度值;从相当于室温的 J 点作水平线交曲线于 I 点,过 I 点作垂线 ab,再将 FH 线和 GD 线延长并分别交 ab 线于 A,C 两点,其间的温度差值即为经过校正的 ΔT。图 2.4(a)中 AA' 为开始燃烧到温度上升至室温这一段时间 Δt_1 内,由环境辐射和搅拌引进的能量所造成的升温,故应予扣除。CC' 为由室温升到最高点 D 这一段时间 Δt_2 内,热量计向环境的热漏造成的温度降低,计算时必须考虑在内。故可认为,A,C 两点的差值较客观地表示了样品燃烧引起的升温数值。

在某些情况下,热量计的绝热性能良好,热漏很小,而搅拌器功率较大,不断引进的能量使得曲线不出现极高温度点,如图 2.4(b)所示。校正方法相似。

③常用测量温差的仪器还有贝克曼温度计,感兴趣的同学可以查阅相关资料。

实验2.2　液体饱和蒸气压的测定

2.2.1　实验目的

①理解液体饱和蒸气压的定义,掌握克劳修斯-克拉佩龙方程。

②理解静态法测定液体饱和蒸气压的原理。

③掌握用图解法求被测液体的平均摩尔蒸发焓与正常沸点。

2.2.2　实验原理

1)热力学原理

一定温度下,液体与其蒸气达到平衡时,即气体变成液体(凝结)和由液体变成气体(蒸发)两个过程的速度相等时,蒸气的压力称为该温度下液体的饱和蒸气压。在恒定温度和压力下,蒸发1 mol液体所吸收的热量称为该温度下液体的摩尔蒸发焓,用$\Delta_{vap}H_m$表示。

液体饱和蒸气压与液体本性和温度等因素有关。温度升高时饱和蒸气压增大,温度降低时饱和蒸气压下降。当蒸气压等于外界压力时,液体沸腾,此时的温度称为沸点。当外压为101.325 kPa时,液体的沸点称为该液体的正常沸点。

液体的饱和蒸气压与温度的关系用克劳修斯-克拉佩龙方程式表示:

$$\frac{d\ln p}{dT}=\frac{\Delta_{vap}H_m}{RT^2} \tag{1}$$

式中　R——摩尔气体常数;

P——液体饱和蒸气压;

T——热力学温度,K。

假设在实验温度范围内$\Delta_{vap}H_m$为常数,对式(1)不定积分得:

$$\ln p=-\frac{\Delta_{vap}H_m}{R}\cdot\frac{1}{T}+C \tag{2}$$

式中　C——积分常数。

可以看出,由实验测量出液体在一系列温度下的饱和蒸气压,以$\ln p$对$1/T$作图,得一直线,直线的斜率为$-\frac{\Delta_{vap}H_m}{R}$,由此可计算出液体的$\Delta_{vap}H_m$。

2)实验方法

液体饱和蒸气压可用静态法测量。静态法是将待测物质放在一密闭的系统中,在不同温度下直接测量其饱和蒸气压。静态法的关键部件是平衡管(等压管)。

平衡管由一个球管与一个U形管连接而成(图2.5),待测物质置于球管A内,U形管中也放置被测液体。当U形管中的液面在同一水平时(B、C处),表明U形管两臂液面上方压力相等,即AB段的蒸气压与C到压力计的压力相等,则压力计示值就是该温度下液体的饱和蒸气压。

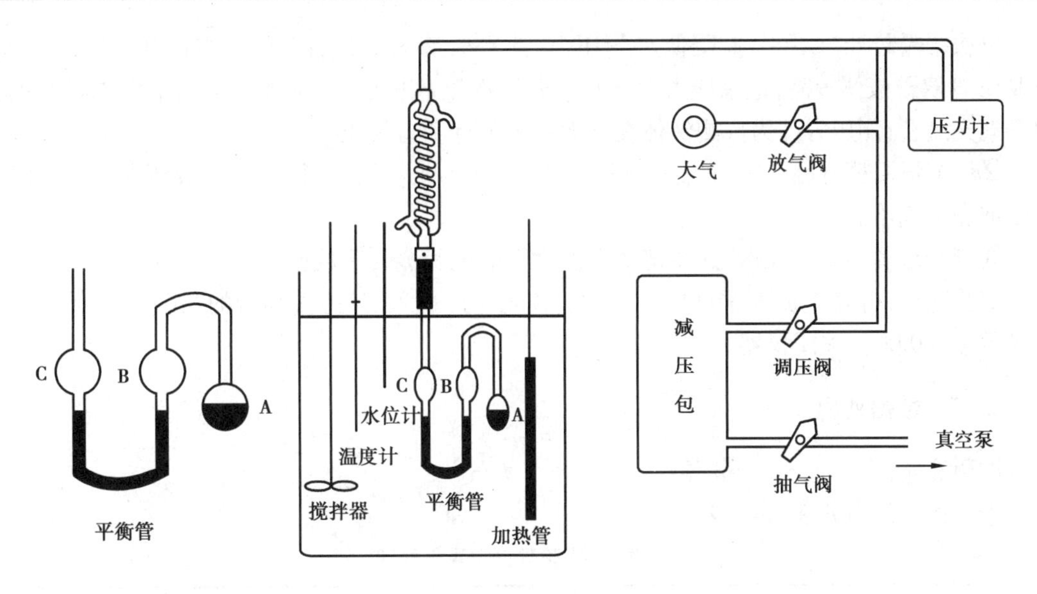

图 2.5　液体饱和蒸气压测定装置图

2.2.3　仪器和试剂

DPCY-6C 饱和蒸气压测定实验装置,真空泵,U 形平衡管,冷凝管,恒温水浴,无水乙醇。

2.2.4　实验步骤

1) 安装仪器

打开仪器预热 10 min 以上。将无水乙醇装入平衡管,使球管内约占 2/3 体积。按图 2.5 安装各部分。

2) 抽真空、系统检漏

打开"放气"阀,在系统与大气相通时按下压力表处的"置零"键,压力表显示为 0,读出此时的大气压。

关闭"放气"阀,打开"调压"阀和"抽气"阀,开启真空泵,抽真空约至-80 kPa,关闭"调压"阀和"抽气"阀,关闭真空泵,若压力表示数在 3~5 min 内维持不变,表明系统不漏气。

3) 排除 AB 弯管空间内的空气

打开"放气"阀,接通冷凝水,调节恒温槽至所需温度(建议起始温度为 60 ℃),打开搅拌调节至合适转速,加热升温。

水浴温度达到设定值后,关闭"放气"阀,缓慢打开"调压"阀,待系统减压至约-48 kPa 后关闭,此时玻璃球中液体溶解的空气和 AB 弯管内的空气不断随蒸气经 C 管逸出,如此沸腾 3~5 min,可认为液面空气被排除干净。

若减压过度会出现剧烈沸腾,则可打开"放气"阀适当增大压力。

4) 饱和蒸气压的读取

①缓慢开启"放气"阀,使平衡管 C 端液面逐渐下降,至 U 形管双臂液体等高时关闭,记录压力表读数及温度。

注意:"放气"不能过快,否则空气倒灌进入球管,如有空气倒灌需重新排气。

再次缓慢打开"调压"阀,降低C管压力,使C管液面上升后关闭。缓慢开启"放气"阀,至U形管双臂液体等高,记录压力表读数。若两次读数相近,表示球体液面上空被样品的饱和蒸气充满,所测压力即为待测液体在此温度下的饱和蒸气压。

②调节恒温槽升温2 ℃,恒温5 min以上,重复第①步操作,得到待测液体在第2个温度下的饱和蒸气压。

③依次重复第②步操作,共测定7个温度下的饱和蒸气压数据。

实验完毕,打开"放气"阀和"调压"阀,关闭"抽气"阀;按控温面板的"10×"键,使温度设定显示为"00.00",关闭仪器。

2.2.5 数据处理

被测液体:__________,室温:__________,大气压:__________。

①数据记录与处理(表2.2)。

表2.2 实验数据记录与处理

恒温槽温度		$\frac{1}{T/\mathrm{K}}\times10^3$	压力计读数 $\Delta p/\mathrm{kPa}$	液体的蒸气压 $p=p_{大气}+\Delta p/\mathrm{kPa}$	$\ln p$
$t/℃$	T/K				

②以$\ln p$对$1/T$作图,求出直线的斜率,并由斜率算出此温度范围内液体的平均摩尔蒸发焓$\Delta_{\mathrm{vap}}H_{\mathrm{m}}$。

2.2.6 注意事项

①平衡管必须放置于恒温水浴中的水面以下,否则其温度与水浴温度不同。

②必须充分排净AB弯管空间中全部空气,使液面上方只含液体的蒸气分子。

③等位计内液体发生剧烈沸腾时,可缓缓开启"放气"阀,漏入少量空气,防止管内液体大量蒸发而增加U形管双臂液体量。

④调节平衡管液面等高时,"放气"不能过快,防止空气倒灌进入球管。

2.2.7 思考题

①为什么AB弯管中的空气要排干净?怎样操作?怎样防止空气倒灌?

②本实验方法能否用于测定溶液的饱和蒸气压?为什么?

③本实验产生误差的原因有哪些?

2.2.8 延伸阅读

蒸气压是液体或固体的重要物性参数,蒸气压大小体现了液体的挥发能力的大小。如汽油的蒸气压越小,则其燃烧能力越好。而在原油储运系统的设计和运行中,经常使用原油饱和蒸气压的数据来校核输油泵的吸入头或估算储油罐的蒸发损耗。在原油评价中,原油饱和蒸气压是不可缺少的物性指标,尤其是在原油进行稳定处理和作为商品销售时,饱和蒸气压是主要的质量指标。

实验2.3　凝固点降低法测定摩尔质量

2.3.1　实验目的

①了解稀溶液的依数性,掌握凝固点降低法测摩尔质量的原理。

②掌握用凝固点降低法测定尿素的摩尔质量的方法。

③理解并绘制冷却曲线,并通过冷却曲线校正凝固点。

2.3.2　实验原理

若溶质在溶液中不缔合、不分解或不挥发,也不与固态纯溶剂生成固溶体,那么溶液的凝固点将低于纯溶剂凝固点,这是稀溶液的依数性之一,即稀溶液凝固点降低值只与溶质的质点数有关,而与溶质的其他特性无关。

由热力学理论出发,可以导出理想稀溶液的凝固点降低值 ΔT_f 与溶质质量摩尔浓度 b_B(mol/kg)之间的关系为:

$$\Delta T_f = T_f^* - T_f = K_f b_B = K_f \frac{n_B}{m_A} = K_f \frac{\frac{m_B}{M_B}}{m_A} \tag{1}$$

由此可导出计算溶质摩尔质量 M_B 的公式:

$$M_B = \frac{K_f m_B}{\Delta T_f m_A} \tag{2}$$

式中　T_f^*,T_f——纯溶剂、溶液的凝固点,K;

m_A,m_B——实验中溶剂、溶质的质量,g;

K_f——溶剂的凝固点降低系数,与溶剂性质有关,K·kg/mol;

M_B——溶质的摩尔质量,kg/mol。

若已知溶剂的 K_f 值,通过实验测得 ΔT_f,便可由式(2)求得 M_B。表2.3给出了几种溶剂的凝固点降低系数值。

表2.3　常压下几种溶剂的凝固点及凝固点降低系数值

溶　剂	水	乙酸	苯	环己烷	环己醇	萘	三溴甲烷
T_f^*/K	273.15	289.75	278.65	279.65	297.05	383.5	280.95
K_f/(K·kg·mol^{-1})	1.86	3.90	5.12	20	39.3	6.9	14.4

通常,测定凝固点的方法是将溶液逐渐冷却,使溶剂凝固结晶。但是,实际上溶液冷却到凝固点时,往往并不凝固,溶液的温度会继续下降,出现过冷现象。搅拌溶液或加入晶种可促

使溶剂结晶,由结晶放出的凝固热使体系温度回升。

溶剂和溶液的冷却曲线(即温度与时间的关系图)如图 2.6 所示。

运用相律可以分析,溶剂与溶液的冷却曲线形状不同。在恒压条件下,对纯溶剂,固-液两相共存时,自由度 $F=1-2+1=0$,冷却曲线出现水平线段,其形状如图 2.6(a)、(b)所示。对溶液,固-液两相共存时,自由度 $F=2-2+1=1$,温度仍可下降,但由于溶剂凝固时放出的热使温度回升,回升到最高点又开始下降,所以冷却曲线不出现水平线段,此时溶液的凝固点按如图 2.6(c)所示方法加以校正。

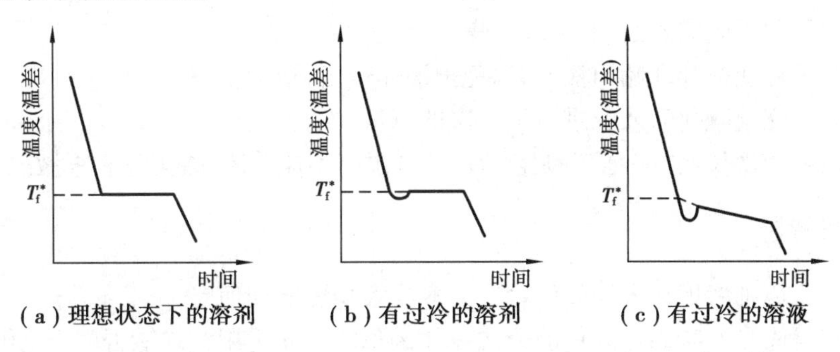

图 2.6　溶剂和溶液的冷却曲线

本实验通过测定纯溶剂和溶液的温度与冷却时间的关系数据,绘制冷却曲线,得到两者的凝固点之差 ΔT_f,进而计算待测物的摩尔质量。

2.3.3　仪器和试剂

凝固点测定仪,电子温差测量仪,电子天平,凝固点管,移液管(50 mL),去离子水,尿素,粗盐,冰。

2.3.4　实验步骤

1)准备冷浴

为使纯水和溶液能够凝固,需要温度达到-2~-3 ℃的冷浴(即环境)。

在冷水浴槽中装入 2/3 的冰和 1/3 的水,将温度传感器插入冷浴中,取适量粗盐与冰水用大搅拌环将其搅拌混合。冷浴温度达到-2~-3 ℃后,将电子温差测量仪采零、锁定,将定时设置为 10 s。**仪器一旦锁定,整个实验过程中不能关闭!**

2)溶剂冷却曲线的测定

移取 50 mL 去离子水加入洁净、干燥的凝固点管,插入洁净的小搅拌环和温度传感器,确保传感器穿过搅拌环。凝固点管放入冷浴中,上下拉动小搅拌环进行搅拌,观察水温的变化。**当水温接近 1 ℃时,每 10 s 记录一次"温差"值**,并加快搅拌速度,**待温度回升后,恢复常规搅拌速度**,继续在稳定段读数 5~7 组即可。通常水温的变化规律为"下降→上升→稳定",即有过冷现象。

取出凝固点管,用手捂住管壁片刻,同时不断搅拌,使管中结冰全部融化,重复测定溶剂温度随时间的变化,共 3 次。每次的稳定段读数之差应不超过 0.006 ℃。

3)溶液冷却曲线的测定

用电子天平准确称量约 0.4 g 的尿素。凝固点管中的冰融化后,将尿素加入管中溶解,同步骤 2 操作，测定溶液温度随时间的变化，共 3 次。

2.3.5 数据处理

纯溶剂和溶液各取一组合理数据，在坐标纸上绘制冷却曲线，分别找出纯溶剂和溶液的凝固点，并求出凝固点降低值 ΔT_f，计算出尿素的摩尔质量，并与理论值进行比较。

2.3.6 注意事项

①实验所用的凝固点管必须洁净、干燥。
②搅拌时不可使搅拌环超出液面，以免把液体带出，造成误差。
③结晶必须完全融化后才能进行下一次的测量。
④电子温差测量仪经“采零”“锁定”后，其电源就不能关闭，否则只有重做。

2.3.7 思考题

①根据什么原则考虑加入溶质的量？太多或太少影响如何？
②什么叫凝固点？凝固点降低的公式在什么条件下才适用？它能否用于电解质溶液？
③溶液系统和纯溶剂系统的自由度各为多少？

2.3.8 延伸阅读

稀溶液的依数性质有溶剂的蒸气压下降，凝固点降低，沸点升高，以及渗透压。根据沸点升高值也可以测量非挥发性物质的摩尔质量，其基本公式为：

$$\Delta T_b = T_b - T_b^* = K_b b_B$$

根据溶液产生渗透压的大小，也可用来测物质的摩尔质量。但是，由于渗透压的产生必须要有选择性半透膜的存在，所以常用来测有机大分子的摩尔质量。其基本公式为：

$$\Pi = c_B RT$$

实验2.4　完全互溶双液系气液平衡相图的绘制

2.4.1　实验目的

①掌握通过测定常压下环己烷-乙醇系统的气液平衡数据绘制沸点-组成相图的原理及方法。

②掌握液态混合物沸点的测定方法。

③掌握阿贝折射仪的使用及由折光率测定有机物组成的方法。

2.4.2　实验原理

根据液态组分溶解度不同，二组分气-液平衡体系相图可分为液态完全互溶、部分互溶和完全不互溶3类。根据气体压力对拉乌尔定律的偏差情况，完全互溶的真实液态混合物体系又可分为3类，将混合物蒸气压、液相组成、气相组成绘制于同一坐标系中，即可得到压力-组成(p-x)相图，如图2.7 (a)所示。

①一般偏差：混合物的沸点介于两种纯组分之间，如甲苯-苯体系。

②最大负偏差：存在一个最小蒸气压值，比两个纯液体的蒸气压都小，混合物存在着最高沸点，如氯仿-丙酮体系。

③最大正偏差：存在一个最大蒸气压值，比两个纯液体的蒸气压都大，混合物存在着最低沸点，如本实验的环己烷-乙醇体系。

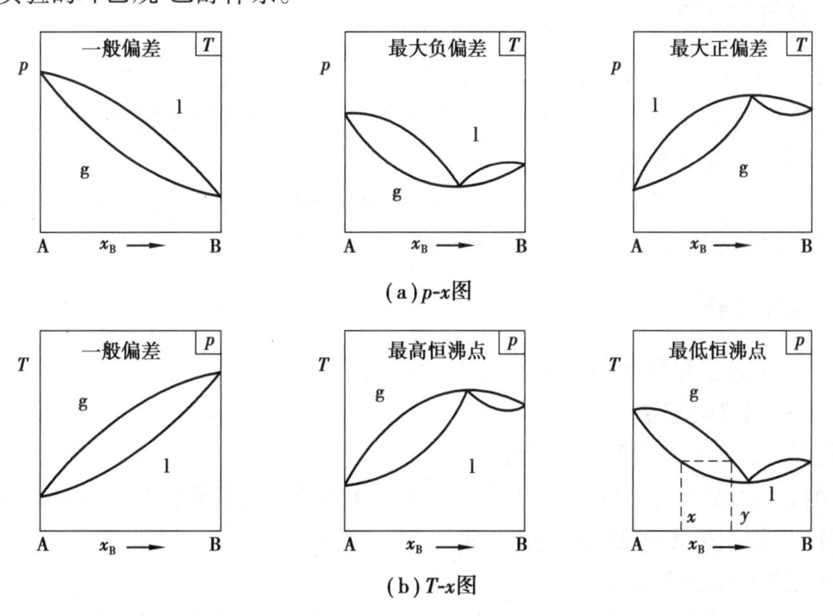

图2.7　二组分真实液态混合物气-液平衡相图

在一定外压下,液态混合物的沸点与其蒸气压有关:蒸气压大则沸点低,反之则沸点高。气液平衡时,挥发能力强的组分其蒸气压较大,在气相中的浓度大于其在液相中的浓度。将混合物沸点、液相组成、气相组成绘制于同一坐标系中,即可得到沸点-组成(T-x)相图,如图2.7 (b)所示。

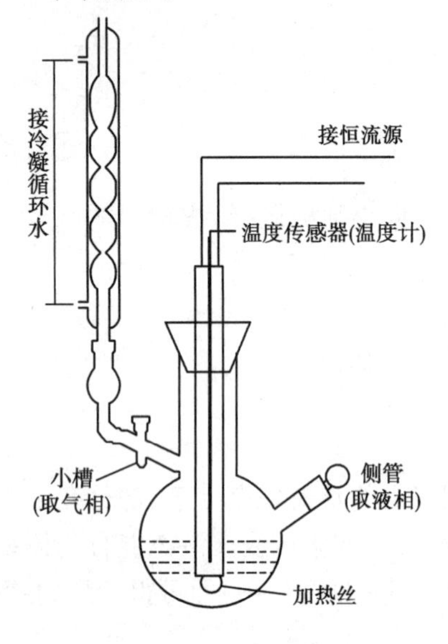

图 2.8 沸点仪的结构

最大正偏差体系的 T-x 相图上出现最低点,在此点气相线和液相线相切,气相和液相组成相同,沸腾时温度恒定,这一温度为液态混合物沸腾的最低温度,故称为最低恒沸点,该组成的混合物称为最低恒沸物。与此类似,最大负偏差体系具有最高恒沸点,对应的混合物也称为最高恒沸物。

为了绘制双液系的 T-x 相图,需测定几组原始组成不同的混合物在气-液两相平衡时的沸点、气相组成和液相组成。

本实验绘制环己烷-乙醇体系的 T-x 相图,该体系属于最大正偏差类型。在沸点仪(图 2.8)中蒸馏不同组成的液态混合物,体系沸腾时,测定其沸点及相应的气相、液相组成,即可作出 T-x 相图。

本实验中,气、液两相的组成由折光率确定。

折光率是物质的一个特征参数,它与物质的本性、浓度及温度有关。在一定温度下,溶液浓度不同、组成不同,折光率也不同。因此可先配制一系列已知组成的溶液,在恒定温度下测其折光率,作出折光率-组成工作曲线,再通过测量未知溶液的折光率而在工作曲线上读出未知溶液的组成。

2.4.3 仪器和试剂

沸点仪,阿贝折射仪,调压变压器,超级恒温水浴,温度测定仪,取样管。

环己烷物质的量分数 $x_{环己烷}$ 为 0.00,0.25,0.50,0.75,1.00 的环己烷-乙醇标准溶液,各种一定组成的待测环己烷-乙醇混合溶液。

已知:压力为 101.325 kPa 时,纯环己烷的沸点为 80.1 ℃,乙醇的沸点为 78.4 ℃。25 ℃时,纯环己烷的折光率为 1.426 4,乙醇的折光率为 1.359 3。

2.4.4 实验步骤

环己烷-乙醇体系平衡组成可由两种方法测定:

1) 方法一:逐样测定法

①环己烷-乙醇标准溶液折光率测定。

设置恒温水浴温度,打开循环对阿贝折射仪进行恒温,测量环己烷-乙醇标准溶液在此温度下的折光率,绘制折光率-组成工作曲线。

②无水乙醇沸点的测定。

沸点仪内加入约 2/3 无水乙醇。安装好沸点仪,使温度传感器和加热棒浸入液体内,接通冷凝水。将稳流电源电流调至 1.8~2.0 A,使液体缓慢加热至沸腾,待温度计读数稳定后再维持3~5 min使体系达到平衡。记下温度计读数,即为无水乙醇在当前大气压下的沸点。

③环己烷沸点的测定。

同第②步操作,测定环己烷的沸点。

④测定一系列待测溶液的沸点和折光率。

同第②步操作,沸点仪内加入约2/3预先配制好的1号环己烷-乙醇溶液,将液体缓慢加热至沸腾。因最初在冷凝管下端小槽内的汇集液体不能代表气液平衡的气相冷凝液,待温度稳定后,用气相取样管将其取出,并从侧管加回沸点仪内,重复2~3次,待温度稳定后,记下温度计的读数,即为该溶液的沸点。

切断加热电源,停止加热,用烧杯盛水冷却液相,用取样管从小槽中取出气相冷凝液,迅速测定折光率;同时用液相取样管从沸点仪侧管吸出少量液相,测定折光率。

按1号溶液的操作,依次测定2,3,4,5,6,7,8号溶液的沸点和气-液平衡时的气、液相折光率。

2)方法二:逐步添加法

①环己烷-乙醇标准溶液折光率与测定。

同"方法一"。

②相图左半分支(乙醇)数据的测定。

往沸点仪内加入25 mL乙醇,接通冷凝水。将加热电源电流调至1.8~2.0 A,使液体加热至缓慢沸腾,待温度计读数稳定后再维持3~5 min以使体系达到平衡。记下温度计读数,即为无水乙醇的沸点。

关闭加热电源,用移液管从沸点仪侧管口加入1 mL环己烷。重启加热电源,使混合物沸腾,温度保持稳定。用气相取样管将冷凝管下端小槽内的汇集液取出,并从侧管加回沸点仪内,重复2~3次,待温度稳定后,记下温度计读数,即为该溶液的沸点,再次关闭加热电源,冷却后,用取样管分别从小槽和沸点仪取样,测定气相冷凝液和液相的折光率。

按上述添加1 mL的方法,依次再往沸点仪中加入1.5,2,3,5,17 mL环己烷,测定系列混合物的沸点,以及气相冷凝液和液相的折光率。

③相图右半分支(环己烷)数据的测定。

将沸点仪内的混合液倒入回收瓶,并用环己烷清洗蒸馏瓶。

取37.5 mL环己烷加入沸点仪,按步骤②(左半分支)的操作方法测定环己烷沸点,再依次往环己烷中加入乙醇0.3,0.45,0.6,1.5,7.5 mL,分别测定系列混合物的沸点,以及气相冷凝液和液相的折光率。

2.4.5　数据处理

阿贝折射仪温度:__________,大气压:__________,水乙醇沸点:__________,环己烷沸点:__________。

记录环己烷-乙醇标准溶液的折光率(表2.4)。

表2.4　环己烷-乙醇标准溶液的折光率

$x_{环己烷}$	0	0.25	0.50	0.75	1.00
折光率 n					

①绘制环己烷-乙醇标准溶液的折光率-组成关系图,得具有线性关系的工作曲线。

②根据工作曲线关系方程求出各待测溶液的气相和液相平衡组成,填入表2.5。以气、液两相组成为横坐标,沸点为纵坐标,绘制出环己烷-乙醇体系的沸点-组成(T-x)相图。

③由T-x相图找出环己烷-乙醇体系的恒沸点及恒沸物组成。

表2.5　环己烷-乙醇混合液测定数据

待测液编号	沸点/℃	液相分析		气相冷凝液分析	
		折光率 n	$x_{环己烷}$	折光率 n	$y_{环己烷}$
1					
2					
3					
4					
5					
6					
7					
8					

2.4.6　注意事项

①测定折光率时,动作应迅速,以避免样品挥发,影响数据准确性。

②确保沸点仪内待测液足够多,防止烧干。

③注意一定要先加溶液,再加热;取样时,应注意切断加热丝电源。

④每种浓度样品其沸腾状态应尽量一致。即气泡"连续""均匀"冒出为好,不要过于激烈,也不要过于慢。

⑤先开通冷却水,然后开始加热,系统真正达到平衡后,停止加热,稍冷却后方可取样分析。

⑥阿贝折射仪的棱镜不能用硬物触及(如滴管),擦拭棱镜需用擦镜纸。

2.4.7　思考题

①取出的平衡气液相样品为什么必须在密闭的容器中冷却后方可用以测定其折射率?

②平衡时,气液两相温度是否应该一样,实际是否一样,对测量有何影响?

③如果要测纯环己烷、纯乙醇的沸点,沸点仪必须洗净,而且烘干,而测混合液沸点和组成时,沸点仪则不洗也不烘,为什么?

④如何判断气-液已达到平衡状态?讨论此溶液蒸馏时的分离情况。

⑤为什么工业上常产生95%酒精?只用精馏含水酒精的方法是否可能获得无水酒精?

⑥沸点测定时有过热现象和再分馏作用,会对测量产生何种影响?

⑦绘制乙醇活度系数与摩尔分数关系曲线,由曲线可以得出什么结论?

实验2.5　二组分金属相图的绘制

2.5.1　实验目的

①掌握用热分析法（冷却曲线法）绘制Sn-Bi二组分金属固-液平衡相图的原理和方法。

②了解纯物质和混合物冷却曲线的异同，了解相变点温度的确定方法。

③了解凝聚相体系相图的特点，掌握相律有关知识。

2.5.2　实验原理

表示多相平衡体系组成、温度、压力等变量之间关系的图形称为相图。对于凝聚相体系而言，压力对系统的影响较小，因此，讨论二组分凝聚体系相平衡时，通常不考虑压力的变化，主要关注其温度-组成图，即T-w_B图，相律的具体形式为$F=C-P+1=2-P+1=3-P$，其中F为自由度数，C为组分数，P为相数。

较为简单的二组分金属相图是液相完全互溶体系。依据二组分在固相中的溶解度，可分为三种：一种是固相完全互溶成固溶体的体系，如Ag-Au体系；一种是固相完全不互溶的体系，如Au-Si体系；第三种是固相部分互溶的体系，如Sn-Pb体系。

热分析法是绘制相图的基本方法。其基本原理是将金属或合金均匀地加热至全部熔化，然后让其缓慢冷却，记录温度随时间的变化，画出冷却曲线，通过冷却曲线上的拐点、平台等信息判断体系中的相变化。

如图2.9所示为二组分固相完全不互溶体系的一条冷却曲线。当金属混合物加热熔化后再冷却时，开始阶段无相变发生，体系温度下降较快（ab段），此时体系自由度数为2，温度与组成可独立改变，体系保持单相。若冷却过程中发生凝固相变，则凝固放热将使冷却速率减小，温度降低减缓（bc段），冷却曲线上出现“拐点”，即b点。此阶段体系中固-液两相共存，自由度数为1，拐点温度与混合物组成之间有依赖关系。当熔融液继续冷却到某一温度时，如c点，由于此时液相组成等于低共熔体的组成，两种金属将会同时析出形成低共熔体，体系内三相共存，自由度数为0，温度与组成均保持不变，在熔融液完全凝固以前体系温度保持不变，冷却曲线出现平台（cd段）。当熔融液完全凝固为两种固态金属后，体系自由度数为1，温度又继续下降（de段）。

由此可知，对组成一定的二组分低共熔混合物系统，可以根据它的冷却曲线得出有固体析出的温度和低共熔点温度。根据一系列组成不同系统的冷却曲线的各转折点，即可画出二组分系统的相图（T-w_B图）。

绘制固态完全不互溶体系相图的方法如图2.10所示，将不同组成熔融液冷却曲线上的拐点温度标记在T-w_B坐标上，分别将两相点、三相点连接起来即可。

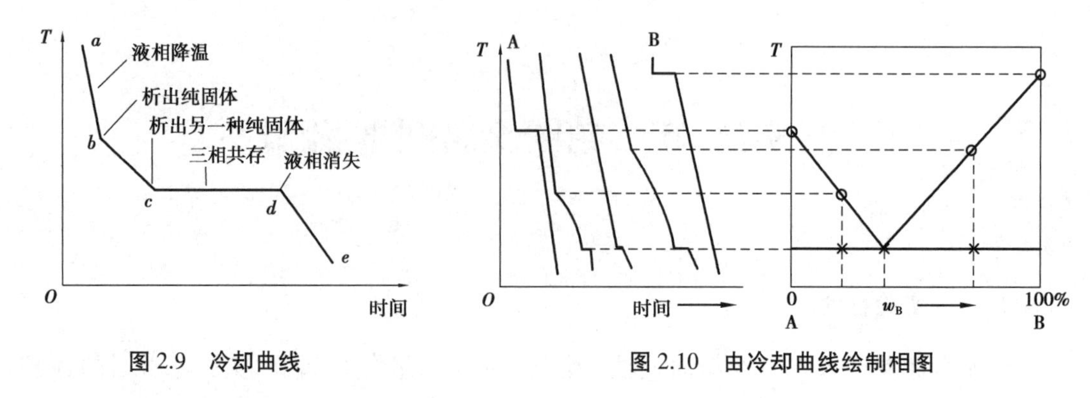

图 2.9　冷却曲线

图 2.10　由冷却曲线绘制相图

2.5.3　仪器和试剂

KWL-09 可控升降温电炉(图 2.11),SWKY-I 数字控温仪,Sn-Bi 合金样品管(近似为完全不互溶体系):纯 Sn(1 号管)、纯 Bi(5 号管)和 Bi 的质量百分含量为 30%(3 号管)、58%(4 号管)、80%(2 号管)。

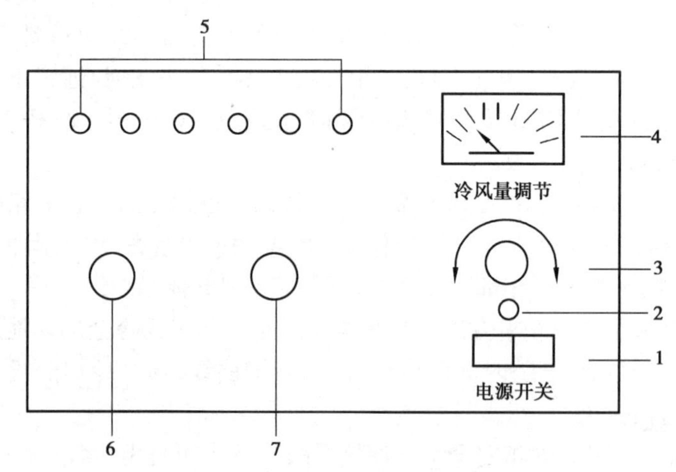

图 2.11　可控升降温电炉前面板

1—电源开关;2—电源指示灯;3—冷风量调节;4—冷风机电压表;5—试管摆放区;6,7—测、控温区

2.5.4　实验步骤

1)仪器准备

将 SWKY-Ⅰ数字控温仪与电炉进行连接。电炉的加热升温由控温仪控制,降温速率则由电炉附带的冷风机控制。将"冷风量调节"逆时针旋转到底。

将样品管分别插入测控温区"6""7",温度传感器Ⅰ插入测控温区"6"样品管中间,温度传感器Ⅱ插入测控温区"7"样品管中间。

2)设置控制温度,加热升温

打开电源开关,SWKY-Ⅰ数字控温仪显示为初始状态:温度显示Ⅰ为 320 ℃(默认的设定温度),温度显示Ⅱ为实时温度,置数指示灯亮。

设置控制温度:按工作/置数键,在"置数"指示灯亮时,依次调节×100、×10、×1、×0.1 各挡按钮,调节到所需控制的温度。

设置完毕,按工作/置数键切换至“工作”状态,加热炉加热至控制温度。

3)降温、记录温度

两传感器温度显示达到设定的温度附近并相对稳定10 min左右,样品管内试剂完全熔化,将控温仪设于置数状态,停止加热;调节冷风机电压,控制降温速率为5~8 ℃/min。

设置定时,每30 s分别记录两个温度传感器显示数值,直至约140 ℃附近的平台温度完成后,再记录5组数据。

数据记录完毕后,用钳子取出样品管,放入试管摆放区进行冷却。

4)其他样品测试

如需做多个样品,顺时针调节“冷风量调节”旋钮到最大进行降温。

待温度显示Ⅰ、温度显示Ⅱ显示温度低于50 ℃时再重复以上步骤进行实验。

若只测一个样品,则只用温度传感器Ⅰ即可。

5)实验完毕

实验完毕,顺时针调节“冷风量调节”旋钮到最大,进行降温,待温度显示Ⅰ、温度显示Ⅱ显示温度接近室温时,关闭电源。

2.5.5　数据处理

1)绘制冷却曲线(T-t图)

以温度为纵坐标、时间为横坐标,在同一坐标系内绘制出各样品的冷却曲线。找出各冷却曲线中拐点和平台对应的温度值。

2)作锡、铋二元金属相图(T-w_B图)

根据冷却曲线数据和相图的相关理论知识,以温度为纵坐标,组成为横坐标,绘出Sn-Bi合金相图。

3)相图分析

在作出的相图上,用相律分析低共熔混合物、熔点曲线及各区域内的相数和自由度数。

2.5.6　注意事项

①用热分析法绘制相图时,被测系统必须时时处于或接近相平衡状态,因此冷却速率要足够慢才能得到较好的结果。

②系统在冷却过程中可能会出现过冷现象,使得冷却曲线与理想曲线有差异。曲线温度的校正可参见“凝固点降低法测定摩尔质量”实验项目。

2.5.7　思考题

①为什么冷却曲线上会出现转折点?纯金属、低共熔金属及合金的转折点各有几个?曲线形状为何不同?

②刚好是低共熔组成的合金或纯金属都只有一个平台转折点,如何判断哪个是低共熔组成的合金?

③为什么在不同组分熔融液的冷却曲线上最低共熔点的水平线段长度不同?

实验 2.6 甲基红酸解离平衡常数的测定

2.6.1 实验目的

①掌握甲基红酸解离平衡常数测定原理。
②掌握分光光度计和 pH 计的使用。

2.6.2 实验原理

1) 甲基红的解离平衡

甲基红(对二甲氨基偶氮苯邻羧酸,Methyl Red),是一种弱酸型染料指示剂,具有酸式(HMR)和碱式(MR^-)两种形式,其中酸式呈红色,碱式呈黄色,pH 值变色范围为 4.4(红)~6.2(黄)。甲基红酸式和碱式的结构式为:

COOH
—N═N—⟨⟩—$N(CH_3)_2$ (酸形式)

COO^-
—N═N—⟨⟩—$N(CH_3)_2$ (碱形式)

甲基红酸、碱两种形式的解离平衡:

$$HMR \rightleftharpoons H^+ + MR^- \tag{1}$$

解离反应的平衡常数为:

$$K_a = \frac{[H^+][MR^-]}{[HMR]}, \qquad pK_a = pH - \lg\frac{[MR^-]}{[HMR]} \tag{2}$$

由式(2)可知,测定溶液中的浓度项$[MR^-]$和$[HMR]$,并测出溶液的 pH 值,就可以计算出甲基红的解离平衡常数 K_a。

由于 HMR 和 MR^-两者在可见光谱范围内具有强的吸收峰,溶液离子强度变化对解离平衡常数没有显著影响,在简单 CH_3COOH-CH_3COONa 缓冲体系中,容易使颜色在 pH=4~6 范围内改变,因此浓度比 $[MR^-]/[HMR]$可用分光光度法测定。

2) 分光光度法测组分浓度

分光光度法适用于测定溶解度较小的弱酸或弱碱的解离平衡常数。

分光光度法测定组分浓度的依据是朗伯-比尔定律:一定浓度稀溶液对单色光的吸收遵循式(3):

$$A = \lg\frac{I_0}{I} = \lg\frac{1}{T} = kcl \tag{3}$$

式中 A——吸光度;
I/I_0——透光率 T;

C——溶液浓度;

l——溶液厚度;

k——吸光系数,为一定波长下,溶液浓度为1 g/L,光程为1 cm时的吸光度值,将吸光度对浓度作图,由直线斜率可得k值。

含有两种及以上组分的溶液,吸光度是各物质对光吸收的总贡献。在甲基红溶液中,总吸光度即是HMR和MR^-的总贡献。

若HMR和MR^-的最大吸收波长分别为λ_1和λ_2,则甲基红溶液在这两个波长处的吸光度A_1、A_2分别为:

$$A_1 = k_{1,HMR}[HMR]l + k_{1,MR^-}[MR^-]l \tag{4}$$

$$A_2 = k_{2,HMR}[HMR]l + k_{2,MR^-}[MR^-]l \tag{5}$$

式中 $k_{1,HMR}$,k_{1,MR^-}——HMR和MR^-在λ_1处的吸光系数;

$k_{2,HMR}$,k_{2,MR^-}——HMR和MR^-在λ_2处的吸光系数。

实验中若使用厚1 cm的比色皿,即l=1 cm,则由式(4)可得:

$$[MR^-] = \frac{A_1 - k_{1,HMR}[HMR]}{k_{1,MR^-}} \tag{6}$$

将式(6)代入式(5),进行移项处理可得:

$$[HMR] = \frac{k_{1,MR^-}A_2 - k_{2,MR^-}A_1}{k_{1,MR^-}k_{2,HMR} - k_{2,MR^-}k_{1,HMR}} \tag{7}$$

因此,由实验测出$k_{1,HMR}$,$k_{2,HMR}$,k_{1,MR^-},k_{2,MR^-},以及待测溶液的A_1,A_2,pH值等数据后,可由式(6)计算$[MR^-]$,由式(7)计算[HMR],从而得到比值$[MR^-]/[HMR]$,再由式(2)求出甲基红的解离平衡常数pK_a值。

2.6.3 仪器和试剂

可见分光光度计,pH计,100 mL容量瓶6只,三角瓶6只,10 mL移液管3只,25 mL移液管2只,50 mL、5 mL移液管各1只。

甲基红贮备液(1.0 g/L):0.5 g甲基红晶体(269.3 g/mol)溶于300 mL 95%的乙醇中,用去离子水稀释至500 mL。

甲基红标准液(0.1 g/L):取10 mL甲基红贮备液,加入100 mL容量瓶中,加入50 mL 95%的乙醇,用去离子水定容。

pH值为4.003和6.864(25 ℃)的标准缓冲溶液。

0.1 mol/L HCl溶液,0.01mol/L HCl溶液,0.04 mol/L CH_3COONa溶液,0.01mol/L CH_3COONa溶液,0.02mol/L CH_3COOH溶液。

2.6.4 实验步骤

1)仪器准备

打开分光光度计电源,预热20 min。

2)甲基红酸式溶液(S溶液,红色)、碱式溶液(J溶液,黄色)的配制

S溶液(0.01 g/L):取10.00 mL甲基红标准溶液(0.1 g/L)加入100 mL容量瓶中,加入10.00 mL 0.1mol/L HCl溶液,用去离子水定容。此溶液pH≈2,甲基红以酸式HMR存在。

J 溶液(0.01 g/L):取 10.00 mL 甲基红标准溶液(0.1 g/L)加入 100 mL 容量瓶中,加入 25.00 mL 0.04 mol/L CH_3COONa 溶液,用去离子水定容。此溶液 pH≈8,甲基红以碱式 MR^- 存在。

3)测定 HMR 和 MR^- 的吸光系数

测定 HMR 和 MR^- 在最大吸收波长 λ_1,λ_2 的吸光系数 $k_{1,HMR}$,k_{1,MR^-},$k_{2,HMR}$,k_{2,MR^-}。已知 HMR 的最大吸收波长 λ_1=520 nm,MR^- 的最大吸收波长 λ_2=430 nm。

①按表 2.6 数据分别取 4 个量的 S 溶液加入 4 个三角瓶,加入对应量的 0.01 mol/L HCl 溶液,摇匀得到 4 个浓度的酸式溶液。以去离子水为参比液,分别在 λ_1,λ_2 下测定吸光度 A_1,A_2,用于计算 $k_{1,HMR}$,$k_{2,HMR}$。

②按表 2.6 数据分别取 4 个量的 J 溶液加入 4 个三角瓶,加入对应量的 0.01 mol/L CH_3COONa 溶液,摇匀得到 4 个浓度的碱式溶液。以去离子水为参比液,分别在 λ_1,λ_2 下测定吸光度 A_1,A_2,用于计算 k_{1,MR^-},k_{2,MR^-}。

表 2.6 不同浓度酸式和碱式甲基红溶液的配制

相对浓度		0.25	0.50	0.75	1.00
S 溶液	V_S/mL	2.50	5.00	7.50	10.00
	V_{HCl}/mL	7.50	5.00	2.50	0.00
J 溶液	V_J/mL	2.50	5.00	7.50	10.00
	V_{CH_3COONa}/mL	7.50	5.00	2.50	0.00

4)测定不同 pH 值下 HMR 和 MR^- 的相对量

在两个 100 mL 的容量瓶中分别加入 10 mL 甲基红标准液(0.1 g/L)和 25 mL 0.04 mol/L CH_3COONa 溶液,再分别加入 50mL,10mL 的 0.02 mol/L 的 CH_3COOH 溶液,用去离子定容。测定两个溶液在 λ_1,λ_2 下的吸光度 A_1,A_2;用 pH 计测定溶液 pH 值。

2.6.5 数据处理

实验温度:__________,大气压:__________。

①吸光系数的计算。

依据表 2.7 数据,作吸光度-浓度关系图,由直线斜率求吸光系数 $k_{1,HMR}$,$k_{2,HMR}$,k_{1,MR^-},k_{2,MR^-}。

表 2.7 S、J 系列溶液在最大吸收波长 λ_1、λ_2 处的吸光度

相对浓度		0.25	0.50	0.75	1.00
S 溶液	A_{λ_1}				
	A_{λ_2}				
J 溶液	A_{λ_1}				
	A_{λ_2}				

②不同 pH 值甲基红溶液吸光度的测定。

计算不同 pH 值甲基红溶液中 HMR 和 MR^- 的浓度相对值,求出解离平衡常数 pK_a 值。

表2.8　不同 pH 值甲基红溶液的吸光度

溶液号	pH 值	A_{λ_1}	A_{λ_2}	[HMR]	$[MR^-]$	$\frac{[MR^-]}{[HMR]}$	$\lg\frac{[MR^-]}{[HMR]}$	pK_a
1								
2								

2.6.6　思考题

①本实验中,温度对实验有何影响?采取什么措施可以减小这种影响?

②作酸、碱溶液吸光度与浓度关系图时,为什么可以用相对浓度?

③4 个摩尔吸光系数的意义是什么?

2.6.7　注意事项

①测吸光度时,比色皿要重复使用多次,在更换溶液时要清洗干净,再换装溶液。

②操作分光光度计时,每次更换波长都应重新在去离子水处调节 T 挡位 100%,然后再切换到 A 挡,测定溶液的吸光度值。

③不能触摸比色皿透光面,测试前透光面需用擦镜纸清洁。

2.6.8　延伸阅读

甲基红酸式(HMR)和碱式(MR^-)的最大吸收波长 λ_1 和 λ_2 按如下方法测定。

1)测定 S 溶液最大吸收波长 λ_1

取两个洁净的厚 1 cm 比色皿,分别装入去离子水和 S 溶液,以去离子水为参比,在 440~600 nm 波长之间每隔 20 nm 测一次吸光度,其中在 500~540 nm 每隔 10 nm 测一次吸光度,以便精确求出最大吸收波长。以吸光度对波长作图,即可清楚看出 λ_1。

2)测定 J 溶液最大吸收波长 λ_2

取两个洁净的厚 1 cm 比色皿,分别装入去离子水和 J 溶液,以去离子水为参比,在 350~510 nm 波长之间每隔 20 nm 测一次吸光度,其中在 410~450 nm 每隔 10 nm 测一次吸光度,以便精确求出最大吸收波长。以吸光度对波长作图,即可清楚看出 λ_2。

实验 2.7 离子迁移数的测定

2.7.1 实验目的

①掌握离子迁移数的基本概念。

②掌握希托夫法测定离子迁移数的基本原理和方法。

2.7.2 实验原理

在电场作用下溶液中阳离子、阴离子分别向两电极运动的现象称为电迁移。电流通过电解质溶液时，两电极上发生化学反应，溶液中阳离子向阴极迁移、阴离子向阳极迁移，共同承担溶液中的电流传导。由于大多数电解质的阳离子和阴离子运动速率不同，各自运载的电荷量和电流也不相等。为了表示不同离子对运载电流的贡献，引入了迁移数的概念。定义离子迁移数为该离子所运载的电流占总电流的分数，用符号 t 表示。溶液中阴、阳离子的迁移数分别为：

$$t_+ = \frac{I_+}{I_+ + I_-} = \frac{Q_+}{Q_+ + Q_-}, \quad t_- = \frac{I_-}{I_+ + I_-} = \frac{Q_-}{Q_+ + Q_-} \tag{1}$$

式中，Q_+ 和 Q_-，I_+ 和 I_- 分别代表由阳、阴离子运载的电量和电流，且 $t_+ + t_- = 1$。测定离子迁移数，对于了解离子的性质有重要意义。

电流通过电解质溶液时，电极反应和离子迁移都会改变电极附近电解质的浓度。希托夫法就是利用这一特点，测定通电前后两电极区电解质浓度的变化来计算离子的迁移数。如图 2.12 所示，实验装置包括阳极管、阴极管和中间管，外电路中串联电量计，可以测定通过电路的总电荷量。

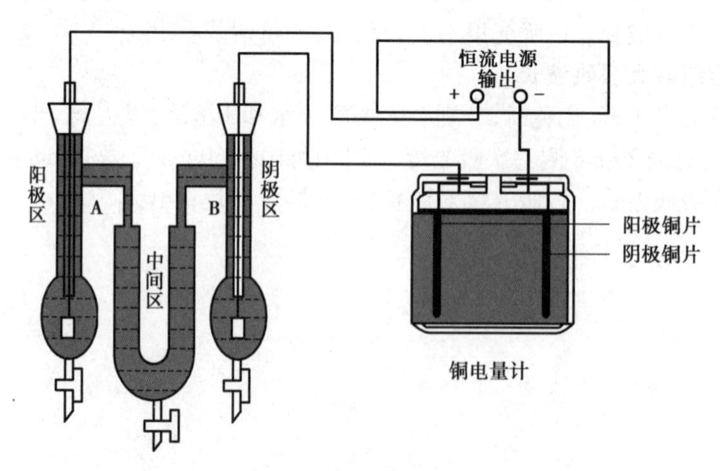

图 2.12 希托夫法测定离子迁移数装置图

以铜电极电解 $CuSO_4$溶液为例，在电解后溶液中间区浓度不变的条件下，阳极区 Cu^{2+} 的浓度变化由两个因素引起：①Cu^{2+}的迁出；②Cu 电极发生氧化反应生成 Cu^{2+}，电极反应为：

$$Cu(s) \longrightarrow Cu^{2+} + 2e^- \tag{2}$$

则阳极区 Cu^{2+}的物料平衡为：

$$n_{后} = n_{前} - n_{迁} + n_{电} \tag{3}$$

式中　$n_{前}$——电解前 Cu^{2+}在阳极区的物质的量；

$n_{后}$——电解后 Cu^{2+}在阳极区的物质的量；

$n_{电}$——电极反应生成 Cu^{2+}的物质的量，也等于铜电量计阴极上析出 Cu 的物质的量；

$n_{迁}$——电解过程中 Cu^{2+}迁出阳极区的物质的量，因此有：

$$n_{迁} = n_{前} - n_{后} + n_{电} \tag{4}$$

由于物质的量变化与电量变化成正比，由此可得离子迁移数的计算式：

$$t_{Cu^{2+}} = \frac{Cu^{2+}\text{ 迁出阳极区物质的量}}{\text{发生电极反应的物质的量}} = \frac{n_{迁}}{n_{电}}, \quad t_{SO_4^{2-}} = 1 - t_{Cu^{2+}} \tag{5}$$

希托夫法测定离子的迁移数至少包括两个假定：

①溶剂不导电，电量只由离子输送。

②不考虑离子溶剂化现象。

实际上阳、阴离子所带水量不一定相同，因此电极区电解质浓度的改变，部分是由于水迁移所引起的，这种不考虑离子水化现象所测得的迁移数称为希托夫迁移数。

2.7.3　仪器和试剂

可见分光光度计，HTF-7C 离子迁移数测定仪，恒流电源，电子天平，金相砂纸，0.05 mol/L $CuSO_4$溶液，1.00 mol/L HNO_3溶液，20.0 g/L $CuSO_4$溶液（按无水硫酸铜），乙醇。

2.7.4　实验步骤

①清洗迁移管，检查旋塞是否漏水。用 0.05 mol/L $CuSO_4$溶液清洗 2 次，将该溶液装入迁移管并固定，在迁移管阳极区和阴极区分别插入洁净的小铜电极。调节迁移管中溶液的量，使上液面稍高于中间区的连接支管。

②取下电量计阴极铜片，用砂纸磨光，在 1 mol/L HNO_3溶液浸泡 3 min，用去离子水洗净，用无水乙醇淋洗并吹干，在电子天平上称出初始质量 m_0，装入库仑计。在洁净的电量计中装入适量 0.05 mol/L $CuSO_4$溶液。

③连接稳流电源、迁移管和电量计。电源正极接迁移管阳极电极，电源负极接电量计阴极电极；另一根导线连接迁移管阴极和电量计阳极。

④打开稳流电源，调节电流强度为 20 mA，连续通电 90 min。

⑤在电解的同时，按照表 2.9 的量移取 20.0 g/L 的 $CuSO_4$溶液，用去离子水定容至 10 mL，配制1—4 号标准溶液。以纯水为空白液，用可见分光光度计测定标准溶液和 0.05 mol/L $CuSO_4$原始溶液在 630 nm 波长处的吸光度。

表 2.9 $CuSO_4$标准溶液的配制

溶液编号	1	2	3	4
V_{CuSO_4}/mL	2.00	4.00	6.00	8.00

⑥电解结束后切断电源,立即同时取出迁移管中的两支电极,切断阳极、阴极与中间区的溶液连接,防止溶液扰动混合。

将阳极区溶液放入已称重的干燥锥形瓶中,称量出总质量;再取 25 mL 阳极区溶液称重,计算溶液密度,由此可计算阳极区溶液的体积,用于计算阳极区 Cu^{2+}的量。

取出阳极区和中间区溶液在 630 nm 波长处测定吸光度,由标准工作曲线计算出两区中 Cu^{2+}浓度。

⑦从电量计中取出阴极铜片,用水、乙醇冲洗后吹干,称其质量得 m_1。

2.7.5 数据处理

室温:_________,大气压:_________,电解电流: _________ mA,电解时间:_______ min。

电解前铜片质量(m_0):__________g,电解后铜片质量(m_1):__________g,沉积铜质量:__________g。

①完成表 2.10,作出纯水和标准溶液 1—4 号的吸光度与浓度关系图,得工作曲线,并由工作曲线得出原始溶液、中间区、阳极区 Cu^{2+}浓度。

表 2.10 $CuSO_4$溶液在 630 nm 处的吸光度和浓度

溶液类型	标液 1	标液 2	标液 3	标液 4	原始溶液	中间区	阳极区
吸光度 A							
浓度/(g·L^{-1})							

②完成表 2.11,计算电解过程中阳极区 Cu^{2+}物质的量变化及离子迁移数。

表 2.11 电解后阳极区溶液的数据处理(Cu 摩尔质量:63.5 g/mol; $CuSO_4$摩尔质量:159.6 g/mol)

溶液总质量/g	25 mL 溶液质量/g	溶液密度/(g·mL^{-1})	溶液总体积/mL	$n_{前}$/mol	$n_{后}$/mol	$n_{电}$/mol	$n_{迁}$/mol	$t_{Cu^{2+}}$	$t_{SO_4^{2-}}$

2.7.6 注意事项

①实验过程中,凡是能引起溶液扩散、搅动等的因素必须避免。电极阴、阳极的位置能对调,迁移数管及电极尽量不能有气泡。

②本实验中各部分的划分应正确,不能将阳极区与阴极区的溶液错划入中部,这样会引起实验误差。

③本实验由铜库仑计的增重计算电量,因此称量及前处理都很重要,需仔细进行。
④若中间区 $CuSO_4$溶液吸光度和原始溶液相差太大,实验需要重做。

2.7.7 思考题

①通过电量计阴极的电流密度为什么不能太大?
②通过电前后中部区溶液的浓度改变较大时必须重做实验,为什么?
③0.1 mol/L KCl 和 0.1 mol/L NaCl 中的 Cl^-迁移数是否相同?
④如以阴极区电解质溶液的浓度计算$t_{Cu^{2+}}$应如何进行?

实验 2.8　电导法测定乙酸电离平衡常数

2.8.1　实验目的

①掌握电导、电导率、摩尔电导率的概念以及它们之间的相互关系。

②掌握电导法测定弱电解质电离平衡常数的原理。

2.8.2　实验原理

1）电导、电导率、摩尔电导率

电导是电阻(R)的倒数，用 G 表示，单位为西[门子]（S）。电导率用 κ 表示，单位为 S/m。电导池中，电导的大小与两电极之间的距离 l 成反比，与电极的面积 A 成正比，如式(1)：

$$G = \kappa \frac{A}{l} \tag{1}$$

由式(1)可得：

$$\kappa = \frac{l}{A} G = K_{cell} G = K_{cell} \frac{1}{R} \tag{2}$$

对于特定的电导池，l 和 A 是定值，故比值 l/A 为一常数，以 K_{cell} 表示，称为电导池常数，单位为 m^{-1}。用已知电导率 κ 的电解质溶液（一般用 KCl 溶液）注入电导池中测电导 G，即可由式(2)计算电导池常数 K_{cell}。

为了比较不同浓度、不同类型电解质溶液的电导率，提出了摩尔电导率的概念。定义单位浓度的电导率为摩尔电导率（相当于含有 1 mol 电解质），用 Λ_m 表示，单位为 $S \cdot m^2/mol$。摩尔电导率与电导率之间如式(3)：

$$\Lambda_m = \frac{\kappa}{c} \tag{3}$$

式中，浓度 c 的单位为 mol/m^3。

电导池常数 K_{cell} 确定后，用该电导池测定某一浓度 c 的乙酸溶液的电导，由式(2)计算电导率 κ，再由式(3)计算摩尔电导率 Λ_m。

在弱电解质溶液中，只有已经电离的部分才能承担传递电荷的任务。在无限稀释的溶液中可以认为弱电解质全部电离，此时溶液的摩尔电导率为 Λ_m^∞，而一定浓度溶液的摩尔电导率 Λ_m 小于无限稀释溶液的摩尔电导率 Λ_m^∞，这由两个因素造成，一是电解质的不完全电离，二是离子间存在相互作用力。弱电解质电离度 α 与摩尔电导率之间具有如式(4)所示的关系：

$$\alpha = \frac{\Lambda_m}{\Lambda_m^\infty} \tag{4}$$

其中 Λ_m^∞ 由电解质阳、阴离子的无限稀释摩尔电导率 λ_m^∞ 加和而得，对 $M_{\nu+}N_{\nu-}$ 型电解质有：

$$\Lambda_m^\infty = \nu_+ \lambda_{m,+}^\infty + \nu_- \lambda_{m,-}^\infty \tag{5}$$

不同温度下乙酸的Λ_m^∞值见表2.12。

表2.12　不同温度下乙酸的Λ_m^∞

温度/K	298.2	303.2	308.2	313.2
$\Lambda_m^\infty \times 10^2/(S \cdot m^2 \cdot mol^{-1})$	3.908	4.198	4.489	4.779

2）电离平衡常数$K_c^\ominus$的测定原理

乙酸溶液中达到电离平衡时，其浓度关系为：

$$CH_3COOH \longrightarrow CH_3COO^- + H^+$$

起始浓度　c　　0　　0

平衡浓度　$c(1-\alpha)$　　$c\alpha$　　$c\alpha$

电离平衡常数$K_c^\ominus$与浓度c、电离度α之间的关系为：

$$K_c^\ominus = \frac{\left(\frac{c\alpha}{c^\ominus}\right)^2}{\frac{c(1-\alpha)}{c^\ominus}} = \frac{c\alpha^2}{c^\ominus(1-\alpha)} \tag{6}$$

式中，$c^\ominus = 1$ mol/L。

将式(4)代入式(6)得：

$$K_c^\ominus = \frac{c\Lambda_m^2}{c^\ominus \Lambda_m^\infty(\Lambda_m^\infty - \Lambda_m)} \tag{7}$$

因此，由实验测出溶液的Λ_m，并结合Λ_m^∞的数值，就可以计算出浓度c下乙酸的电离常数$K_c^\ominus$；此处浓度c的单位为mol/L。将式(7)整理可得到：

$$\Lambda_m c = \Lambda_m^{\infty 2} K_c^\ominus \frac{1}{\Lambda_m} - \Lambda_m^\infty K_c^\ominus \tag{8}$$

由式(8)可知，测定出一系列浓度乙酸溶液的摩尔电导率Λ_m，将$\Lambda_m c$对$1/\Lambda_m$作图可得一条直线，由直线斜率可计算出一定浓度范围内$K_c^\ominus$的平均值。

2.8.3　仪器和试剂

DDS-307A型电导率仪，电导电极，恒温槽，烧杯，锥形瓶，移液管(25 mL)，0.01 mol/L KCl标准溶液，0.2 mol/L乙酸溶液。

2.8.4　实验步骤

1）实验准备

(1)水浴准备

调节恒温水槽水浴温度至25 ℃(若夏天室温偏高，水浴温度可调节至35 ℃)。准确量取50 mL 0.2 mol/L乙酸溶液装入广口瓶置于水浴，将约150 mL的去离子水装入锥形瓶内置于水浴中恒温，用于稀释乙酸溶液。实验中待测定的溶液需恒温约10 min方可进行测试。

(2)电导率仪准备

①连接电导电极,打开电导率仪开关进入测量状态,预热 30 min。

②取下温度传感器,仪器自动显示温度为“25.0 ℃”。不调节温度,不进行电导率自动温度补偿,此时仪器测定的电导率为实际温度下的电导率。

2)标定电导池常数

①按“电极常数”的“△”或“▽”键,选择“1.0”挡;按“常数调节”的“△”或“▽”键,设置电导池常数值为“1”。

②将足量 KCl 标准溶液装入标有“KCl”的锥形瓶,置于水浴中恒温,确保电导电极的铂片全部浸泡在溶液中。

③读取仪器电导率值$\kappa_{测}$;按下式计算电导池常数$K_{cell}=\kappa_{标}/\kappa_{测}$,0.01 mol/L KCl 溶液在不同温度下的标准电导率值$\kappa_{标}$见表 2.13。

表 2.13 0.01 mol/L KCl 溶液在不同温度下的标准电导率值$\kappa_{标}$

温度/K	288.2	293.2	298.2	308.2
$\kappa/(\mu S\cdot cm^{-1})$	1 141.4	1 273.7	1 408.3	1 687.6

④标定好电导池常数后,用去离子水清洗电极,用滤纸吸干液体。按“电极常数”的“△”或“▽”键,选择“1.0”挡;按“常数调节”的“△”或“▽”键,设置为标定好的电导池常数值,如“0.986”,按“确认”键回到测量状态。

3)系列浓度乙酸溶液电导率的测量

(1)0.2 mol/L 乙酸溶液电导率的测量

将洁净的电导电极插入恒温的 0.2 mol/L 乙酸溶液,并确定电极铂片全部浸泡,读取显示屏中溶液的电导率值(每个浓度读取 3 次)。

(2)其他浓度乙酸溶液电导率的测量

用标有“0.2 mol/L”的移液管从已测定的 0.2 mol/L 乙酸溶液吸取 25 mL 溶液弃去,再用标有“纯水”字样的移液管从已预先恒温的去离子水中吸取 25 mL 水加入剩余的乙酸溶液中,摇匀后即可得到 0.1 mol/L 的乙酸溶液,测量其电导率。

如此即可依次完成 0.2,0.1,0.05,0.025,0.012 5 mol/L 乙酸溶液电导率的测量。

记录相应浓度乙酸的电导率,并计算电离度和解离常数。测量完成后,清洗电导电极,将电极浸泡在盛有去离子水的锥形瓶中保存。

2.8.5 数据处理

①将原始数据及处理结果填入表 2.14。

②根据测得的各种浓度的乙酸溶液的电导率,求出各相应的摩尔电导率Λ_m和电离度 α 及电离平衡常数$K_c^{\ominus}$。

③将$\Lambda_m c$ 对 $1/\Lambda_m$作图,由直线斜率算出在一定浓度范围内$K_c^{\ominus}$的平均值。

实验温度 T=________。

表 2.14　数据记录及处理

浓度 c/($mol \cdot L^{-1}$)	κ_1/($S \cdot m^{-1}$)	κ_2/($S \cdot m^{-1}$)	κ_3/($S \cdot m^{-1}$)	$\kappa_{平均}$/($S \cdot m^{-1}$)	Λ_m/($S \cdot m^2 \cdot mol^{-1}$)	$\Lambda_m c$	$\frac{1}{\Lambda_m}$	α	$K_c^{\ominus}$
实验测定电离平衡常数$K_{c\ 平均值}^{\ominus}$=									

2.8.6　注意事项

①计算 Λ_m和$K_c^{\ominus}$时,需注意浓度 c 的单位,详见原理部分。

②温度对溶液的电导(或电阻)影响较大,因此测量时应保证恒温。

2.8.7　思考题

①电导池常数是否可用测量几何尺寸的方法确定?

②实际过程中,若电导池常数发生改变,对平衡常数测定有何影响?

2.8.8　注意事项

当电导率仪接上温度传感器时,仪器显示的温度为待测液的实际温度值,仪器根据实际温度值进行自动温度补偿,折算为25℃下电导率值;当不接上温度传感器时,仪器显示数值为手动设置的温度值,可以按“温度”的“△”或“▽”键手动调节温度数值上升、下降并按“确认”键,确认所选择的温度数值,使选择的温度数值为待测溶液的实际温度值,此时,测量得到的将是待测溶液经过温度补偿后折算为 25 ℃下的电导率值。

若不接上温度传感器,并将“温度”补偿选择的温度数值保持为 25 ℃,那么仪器显示的数值将是待测溶液在实际温度下未经补偿的原始电导率值。

2.8.9　STARTER 3C 电导率仪的使用

1)标定电导池常数

①将足量 KCl 标准溶液装入标有“KCl”的锥形瓶,置于水浴中恒温,确保四环电极的 4 个金属环全部浸泡在溶液中。

②开启电导率仪:按 ⏻ 键开机,等候 3~5 s 后,待显示屏出现测定电导率的界面(显示屏应含有“0.00 μS/cm”字样),即可用于测试。

若未显示"0.00 μS/cm"或有其他故障，需进行复位，方法为：同时按下"⏻+校准+读数"，显示"RST"，再按读数，重新开机。

③电导池常数标定：用去离子水清洗四环电极、滤纸吸干电极表面少量残留水后，将电极插入恒温 0.01 mol/L KCl 标准溶液，确定 4 个金属环都在液面以下。按校准键校准，显示屏中闪动，电导率值不断变动至约 1 400 μS/cm，此后，仪器会短暂出现"1～2/cm"之间的一个数值，记下该数值，即为四环电极的电导池常数。

标定好电导池常数后，用去离子水清洗电极，用滤纸吸干液体。

2）系列浓度乙酸溶液电导率的测量

准确量取 50 mL 0.2 mol/L 乙酸溶液置于水浴，恒温后将洁净的四环电极插入乙酸溶液，并确定电极金属环全部浸泡，按读数键，待显示屏中闪动的消失后，读取显示屏中溶液的电导率值（每个浓度读取 3 次）。将溶液稀释后按相同的方法依次测定 0.1，0.05，0.025，0.012 5 mol/L 乙酸溶液的电导率。

实验2.9　电池电动势及温度系数的测定

2.9.1　实验目的

①掌握可逆电池电动势的测量原理和电位差计的操作。

②掌握原电池的图式表示法和电极、电池反应的书写。

③掌握通过原电池反应的 $\Delta_r G_m$,$\Delta_r S_m$,$\Delta_r H_m$ 等热力学函数的计算。

2.9.2　实验原理

1)热力学基础

化学能转变为电能的装置称为原电池。原电池处于可逆状态时(电流 $I \to 0$),正负电极电势之差称为电池电动势。

根据吉布斯函数的物理意义,在恒温恒压条件下,当系统发生可逆变化时,系统吉布斯函数便等于过程的最大非体积功。若设计合适的原电池使化学反应在电池内进行,当非体积功只有电功时,该电池的电动势与化学反应吉布斯函数变之间的关系:

$$(\Delta_r G_m)_{T,p} = -zEF \tag{1}$$

式中　E——可逆电池的电动势,V;

F——法拉第常数,常取96 500 C/mol;

z——电池反应式中的电子转移数;

$\Delta_r G_m$的单位为J/mol。

在一定的温度和压力下测出可逆电池的电动势,即可由式(1)计算出电池反应的摩尔反应吉布斯函数变 $\Delta_r G_m$。

又根据热力学基本方程 $dG=-SdT+Vdp$,可以得到式(2):

$$\Delta_r S_m = -\left(\frac{\partial \Delta_r G_m}{\partial T}\right)_p = zF\left(\frac{\partial E}{\partial T}\right)_p \tag{2}$$

式中　$\left(\frac{\partial E}{\partial T}\right)_p$——电池温度系数,表示电池电动势随温度的变化。

在一系列温度下测得电池电动势,作 E-T 图,由计算机软件拟合出 E-T 函数关系,求一阶偏微分,即可求得电池在某一温度下的温度系数,进而计算出 $\Delta_r S_m$。

电池反应的摩尔反应焓由式(3)计算:

$$\Delta_r H_m = \Delta_r G_m + T\Delta_r S_m \tag{3}$$

2)对消法测定电动势的原理

根据可逆过程的定义,可逆电池应满足如下条件:

①电池反应可逆,即电池电极反应可逆。

②电池中没有不可逆的液体接界。

③电池在可逆的情况下工作,即通过电池的电流为无限小。

在精确度不高的测量中,常用阴、阳离子迁移数比较接近的盐类(应不与电解质发生反应)构成“盐桥”来消除液接电势。

测量电池电动势不能直接用伏特计来测量。因为电池与伏特计相接后,整个线路便有电流通过,此时电池内部由于存在内电阻而产生某一电位降,并在电池两极发生化学反应,溶液浓度发生变化,电池偏离平衡态。所以,要准确测定电池的电动势,只有在电流无限小的情况下进行,常用的对消法就是根据这个要求设计的。

对消法是在待测电池 E_x 上并联一个大小相等、方向相反的外加电势差,当待测电池电路中电流为 0 时,外加电势差大小就等于待测电池的电动势。如图 2.13 所示,E_s 为标准电池,B 为工作电池,AC 为一均匀电阻,调节可变电阻 R 使回路中有工作电流 I 通过。先将开关 SW 接在标准电池 E_s 回路时,若移动活动触点位置至 D_1,检流计 G 指示电流为 0,此时标准电池的电动势 E_s 与 AD_1 线段的电势差数值相等而方向相反,即有式(4)所示的关系:

$$R(AD_1) \times I = E_s \tag{4}$$

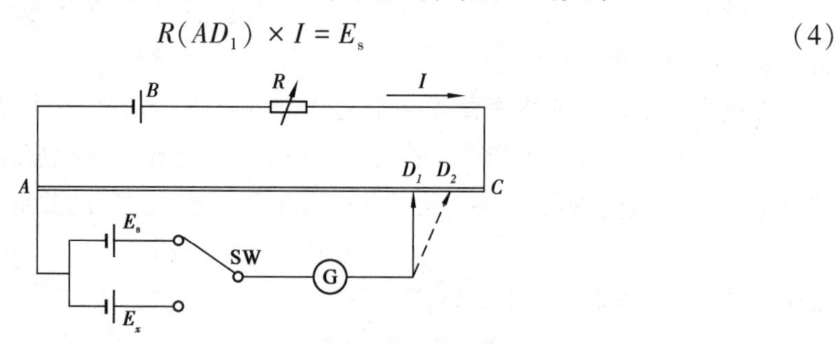

图 2.13　对消法测定电池电动势原理线路

将开关 SW 切换至待测电池 E_x 回路,重新调节接触点位置,若移动到 D_2 时,检流计 G 指示电流为 0,则 AD_2 线段上的电势差等于待测电池 E_x 的电动势,即:

$$R(AD_2) \times I = E_x \tag{5}$$

由式(4)和式(5)可以得到待测电池电动势 E_x 为:

$$E_x = \frac{E_s}{R(AD_1)} \times R(AD_2) \tag{6}$$

分别读出 E_s 以及 E_x 接通时的电阻 $R(AD_1)$、$R(AD_2)$,即可计算出 E_x。

本实验用电位差计就是根据对消法原理设计制造,测量时仪器自动记录以上电阻值,并直接输出电动势数值。

3)本实验测定的电池

本实验原电池图示式为:

$$(-)\mathrm{Ag(s)}\mid\mathrm{AgCl(s)}\mid\mathrm{Cl^-}(0.1\ \mathrm{mol/L})\parallel\mathrm{Ag^+}(0.1\ \mathrm{mol/L})\mid\mathrm{Ag(s)}(+)$$

即 Cl^- | AgCl | Ag 作为阳极(负极),电极反应为:

$$\mathrm{Ag(s)} + \mathrm{Cl^-}(a_{\mathrm{Cl^-}}) \longrightarrow \mathrm{AgCl(s)} + \mathrm{e^-} \tag{7}$$

$Ag^+ | Ag$ 作为阴极(正极),电极反应为:

$$Ag^+(a_{Ag^+}) + e^- \longrightarrow Ag(s) \tag{8}$$

总的电池反应为:

$$Ag^+(a_{Ag^+}) + Cl^-(a_{Cl^-}) \longrightarrow AgCl(s) \tag{9}$$

电池中用到两种不同的溶液,需通过盐桥连接。

电池电动势由能斯特方程式计算:

$$E = E^{\ominus} - \frac{RT}{F}\ln\frac{1}{a_{Ag^+}\,a_{Cl^-}} \tag{10}$$

2.9.3　仪器和试剂

SDC-Ⅱ数字电位差综合测试仪,恒温水浴,原电池装置,AgCl/Ag 电极,Ag 电极,盐桥,0.1 mol/L NaCl 溶液,0.1 mol/L $AgNO_3$溶液。

2.9.4　实验步骤

1)连接电池

将 AgCl/Ag 电极(负极)插入原电池装置的 NaCl 溶液中,Ag 电极(正极)插入 $AgNO_3$溶液中,装入盐桥(**盐桥易断,不能提拿**),放入恒温水浴。将电池与电位差计连接,注意电池的正负极与仪器的正负极要对应。

2)电位差计采零

将电位差计“测量选择”钮调到“内标”,调节各电位旋钮,使电位窗口指示为 1.000 0 V,然后按 “采零”按钮,使“检零指示”为“0”。

3)原电池电动势的测量

设定水浴温度为特定值,打开搅拌开关,待电解液温度稳定后(需恒温 10 min 以上),测量电池电动势。

将电位差计“测量选择”钮调到“测量”挡位,调节各电位旋钮,直到“检零指示”为 0,此时电位指示值就是该温度下的电池电动势,每个温度下读 3 次,每次间隔 1~2 min。

在 25 ℃下,待测电池的电动势约为 0.45 V,可参考此值调节电位旋钮。

第一次测量可以控制恒温槽温度比室温高 1~2 ℃,此后每次升温 3~4 ℃,共测 5~6 次。

注意:测量温度不应高于 50 ℃,升温时“测量选择”调到“外标”或“断开”挡位。

2.9.5　数据处理

①用 Excel 等计算机软件作 E-T 图,用二次多项式拟合出 E-T 函数关系(通常为二次多项式),求出温度系数$\left(\frac{\partial E}{\partial T}\right)_p$。数据拟合时多项式系数须保留 2 位及以上有效数字,否则做一阶导数处理求温度系数时误差会很大。

②求出对应电池反应的 $\Delta_r G_m$,$\Delta_r S_m$,$\Delta_r H_m$,填入表 2.15。

表 2.15　数据记录及处理

t/℃	T/K	电动势值 E/V	电动势平均值 /V	$\left(\frac{\partial E}{\partial T}\right)_p$ /$(V \cdot K^{-1})$	$\Delta_r G_m$ /$(kJ \cdot mol^{-1})$	$\Delta_r S_m$ /$(J \cdot K^{-1} \cdot mol^{-1})$	$\Delta_r H_m$ /$(kJ \cdot mol^{-1})$

2.9.6　注意事项

①盐桥内不能有气泡存在，不能拿着盐桥将电池放入或取出水浴。

②恒温水浴液面高度要合适，与电池内的液面处于一个水平即可。

③在升温的时候，不应使仪器“测量选择”钮处于“测量”挡。

2.9.7　思考题

①对消法测定原电池电动势的原理是什么？电池电动势为什么不能用伏特计直接准确测定？

②盐桥的选择原则和作用是什么？

③可逆电池的条件是什么？测定过程中如何尽可能地减少极化现象的发生？

④如何由电动势的测定求 AgCl 的溶度积 K_{sp}？

2.9.8　延伸阅读

①要更好地理解对消法就必须先理解什么是电池电动势。当电池处于开路状态时,电池的正负极之间仍存在电势差,此值即为电池电动势。因此,测定电动势时必须保证电池处于开路状态,即无电流通过。在有电池存在的回路中,若并联一个极性与待测电池相反的外电池,即可保证无电流通过,这就是对消法的作用。但是在使用 SDC-Ⅱ数字电位差综合测试仪时,看不到“对消”的过程。

②电池是实现化学能转化为电能的装置,并无特定形状。如常见的有纽扣形、圆柱形,以及手机中的方形电池等。

③电动势是电池性能的一个重要指标。一般而言,电动势越高则电池能提供的功率越大。如手机、笔记本电脑、PDA 等便携电器主要用锂离子电池,其额定电势可达 3.7 V。

实验 2.10　阳极极化曲线的测定

2.10.1　实验目的

①掌握准稳态恒电位法测定金属极化曲线的基本原理和测试方法。
②了解极化曲线的意义和应用。
③掌握恒电位仪的使用方法。

2.10.2　实验原理

金属作为阳极发生电化学溶解过程,如下式所示:

$$M \xlongequal{} M^{n+} + ne^-$$

在金属的阳极溶解过程中,其电极电位必须正于其平衡电位,电极过程才能发生,这种电极电位偏离其平衡电位的现象,称为极化。当阳极极化不太大时,阳极过程的溶解速度随着电位变正而逐渐增大,这是金属的正常阳极溶解。但当电极电位正到某一数值时,其溶解速度达到最大,此后阳极溶解速度随着电位变正,反而大幅度地降低,这种现象称为金属钝化。

处在钝化状态下的金属,其溶解速度很小,这对于防止金属腐蚀和在电解质中保护不溶性阳极是很重要的。利用阳极钝化,使金属表面生成一层耐腐蚀的钝化膜来防止金属腐蚀的方法,叫阳极保护。而在另外一些情况下,金属的钝化却是有害的,如在化学电源、电冶金以及电镀中的可溶性阳极,需要尽量防止阳极钝化的出现。

测量金属阳极溶解及钝化通常采用两种方法:控制电位法和控制电流法。由于控制电位法能测到完整的阳极极化曲线,因此在金属钝化现象的研究中,比控制电流法更能反映电极的实际过程。

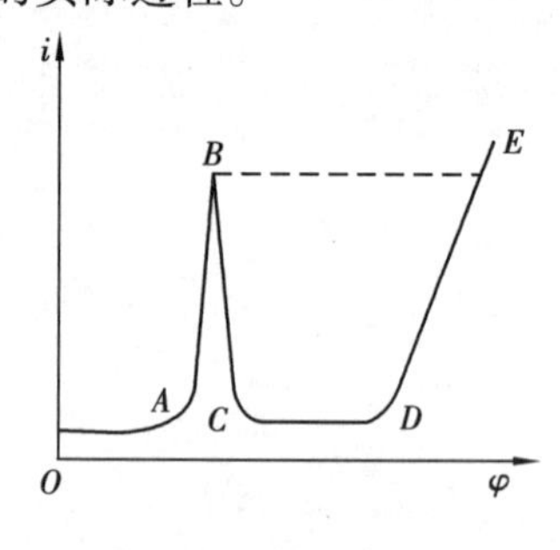

图 2.14　控制电位法测到的极化曲线

用恒控制电位法测定的典型阳极极化曲线如图 2.14 所示。曲线表明,电位从 A 点开始增大(向正方向移动),电流密度也随之增大,电位超过 B 点后,电流密度迅速减至很小,这是因为在电极表面生成了一层电阻高、耐腐蚀的钝化膜。到达 C 点以后,电位再继续增大,电流密度仍保持在一个基本不变、很小的数值上。电位升至 D 点时,电流密度又随电位升高而增大。A 点电位为金属的自腐蚀电位;A 点到 B 点的范围称为活性溶解区;B 点到 C 点为钝化过渡区;C 点到 D 点为钝化稳定区;D 点以后为过钝化区。B 点的电流密度称为致钝电流密度,CD 段的电流密度为维钝电流密度。

本实验采用手动扫描,逐点地调电极电位,并测量其相对稳定的电流值。

2.10.3　仪器和试剂

HDY-I恒电位仪(图2.15),H形电解池(图2.16),鲁金毛细管,饱和甘汞电极(参比电极),碳钢电极(研究电极),铂或铅电极(辅助电极),NH_4HCO_3饱和溶液,浓氨水。

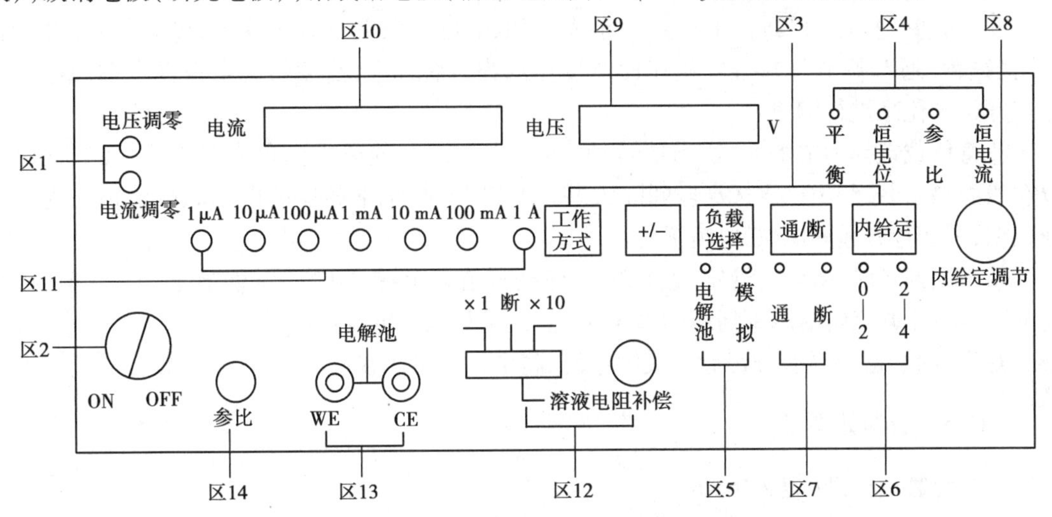

图2.15　HDY-I恒电位仪前面板示意图

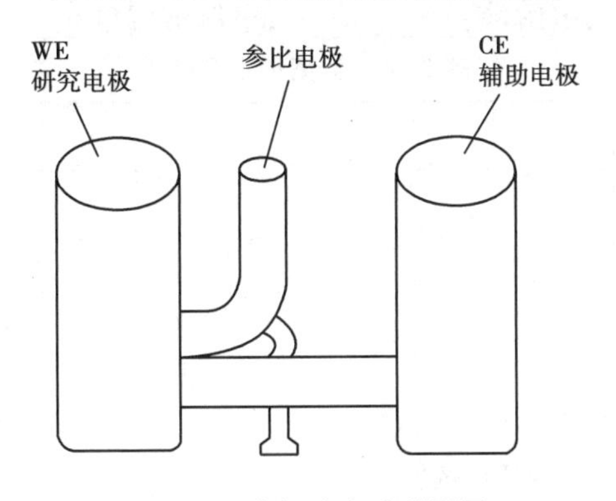

图2.16　电解池实验装置图

2.10.4　实验步骤

1)电极处理

先用金相砂纸把碳钢电极磨光,再用绒布磨成镜面。用卡尺测量电极的工作面积,非工作面及背面涂上石蜡,然后浸入100 mL蒸馏水中含1 mL的H_2SO_4溶液中约1 min,取出用蒸馏水洗净备用。

2)仪器准备

开机前,将电流量程选择置最大挡(在测量时再选适当的量程),电位量程置“20 V”挡,“内给定”旋钮左旋到底。预热15 min。

3)测量步骤

①在100 mL烧杯中加入NH_4HCO_3饱和溶液和浓氨水各35 mL,混合后倒入电解池。连接研究电极(碳钢电极平面,靠近毛细管口),辅助电极(铂电极),参比电极(甘汞电极)。

②接通电源开关,通过"工作方式"按键选择"参比"工作方式;负载选择为电解池,"通/断"键置"通"。此时,仪器电压显示的值为自腐蚀电位。假如研究电极表面的氧化膜未完全除去,这时参比电极相对于研究电极的电位比自腐蚀电位要负一些。本实验应大于 0.8 V 以上,否则应重新处理电极。

③"通/断"按键置"断",工作方式选择为"恒电位",负载选择为模拟,接通负载,再"通/断"按键置"通",调节"内给定"旋钮使电压显示为自腐蚀电位,使研究电极以自腐蚀电位为起点开始极化来进行测量。

④将负载选择为电解池,适当地转动"内给定"旋钮,使电位向负方向变化,在极化曲线 *ABC* 段间隔小些,约 10 mV;*CD* 段间隔大些,约 100 mV,记下相应的电位和电流值。为了读准数据,可选择合适的电位、电流量程。

⑤当调到零时,微调内给定,使得有少许电压值显示,按"+/-"键使显示为"-"值,再以 20 mV 为间隔调节内给定直到约-1.2 V 为止,记录相应的电流值。

⑥将"内给定"旋钮左旋到底,关闭电源,将电极取出用水洗净。

2.10.5　数据处理

①实验数据记录(表 2.16)。

研究电极:__________,电极面积:__________,参比电极:__________。

辅助电极:__________,电解液:__________,电解液温度:__________。

表 2.16　数据记录及处理

电位/V								
电流/A								
电流密度/($A \cdot cm^{-2}$)								
自腐蚀电位:__________ 致钝电流密度:__________ 维钝电位范围:__________ 维钝电流密度:__________								

②以电流密度为纵坐标,电极电位(相对饱和甘汞)为横坐标,绘出碳钢在碳酸铵溶液中的阳极极化曲线。

③通过碳钢在碳酸铵溶液中的阳极极化曲线,找出其致钝电流密度、维钝电位范围和维钝电流密度,并指出钝化曲线中的活性溶解区、过渡钝化区、稳定钝化区、过钝化区。

2.10.6　思考题

①测定极化曲线时为何要用 3 个电极?在恒电位仪中,电位与电流哪个是自变量?哪个是因变量?

②测定阳极钝化曲线为何要用恒电位法?是否可用恒电流法测定金属的极化曲线?

实验 2.11　表面活性剂临界胶束浓度 CMC 的测定

2.11.1　实验目的

①了解表面活性剂的结构特征及胶束形成的原理。

②掌握用电导法测定离子型表面活性剂的临界胶束浓度。

2.11.2　实验原理

表面活性剂是指加入少量就能显著降低溶液表面张力的一类物质。除降低表面张力外，表面活性剂还具有增溶、乳化、润湿、去污、杀菌、消泡和起泡等应用性质。

表面活性剂一般由亲水性的极性基团和憎水性的非极性基团构成。根据化学结构的差异可将表面活性剂分为离子型和非离子型两大类，非离子型表面活性剂有聚乙二醇、烷基葡糖苷类，离子型表面活性剂又分为以下 3 类：

①阴离子型表面活性剂，如羧酸盐（肥皂）、烷基硫酸盐（十二烷基硫酸钠）、烷基磺酸盐（十二烷基苯磺酸钠）。

②阳离子型表面活性剂，主要是胺盐，如十二烷基二甲基叔胺和十二烷基二甲基氯化铵。

③两性表面活性剂，如氨基酸型、甜菜碱型。

在溶液中，当浓度较低时，表面活性剂以单个分子形式存在，这些分子自发聚集在水的表面，使水的表面张力降低。当溶液浓度达到一定值时，表面活性剂在溶液表面排布达到饱和，若再增大浓度，表面活性剂分子将自发结合成憎水基向里、亲水基向外的聚集体，称为“胶束”，并在水中稳定存在，如图 2.17 所示。表面活性剂在水中形成胶束所需的最低浓度称为临界胶束浓度（critical micelle concentration，CMC）。

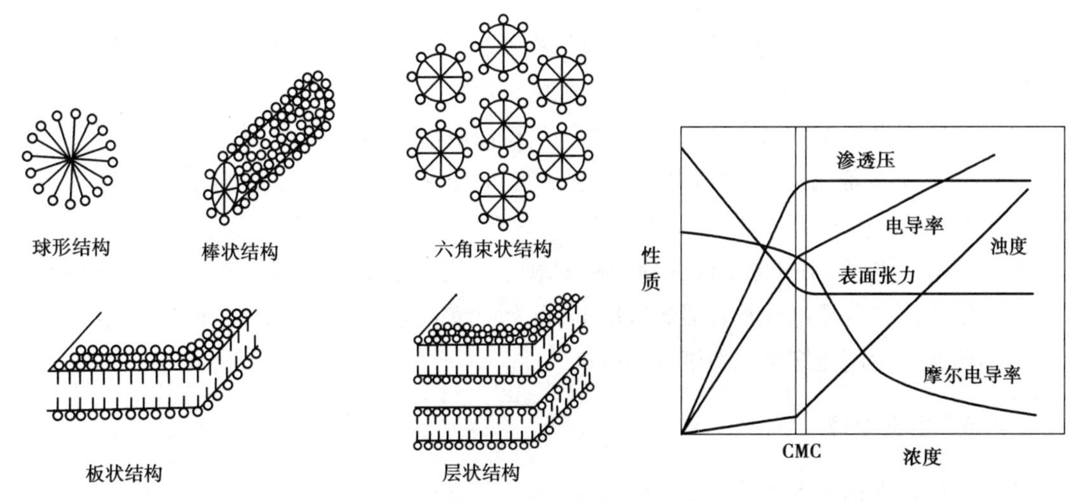

图 2.17　胶束的结构及溶液性质的变化

表面活性剂浓度达到 CMC 时,除表面张力外,溶液的多种物理化学性质,如电导率、蒸气压、去污能力、增溶作用等均要产生显著的差异。利用这些性质的突变,可以推测出表面活性剂的 CMC 值。实验表明,CMC 值不是一个确定的数值,而是表现为一个窄的浓度范围。离子型表面活性剂的 CMC 一般在 1~10 mmol/L。

对于离子型表面活性剂,溶液中对电导率有贡献的主要是带长链烷基的表面活性剂离子和相应的反离子,而胶束的贡献则极为微小。当溶液浓度很稀时,电导率的变化规律与强电解质相同,即电导率随浓度增大而加大。当溶液浓度达到 CMC 时,由于表面活性剂离子缔合成胶束,反离子固定于胶束的表面,它们对电导率的贡献明显下降,同时由于胶束的电荷被反离子部分中和,胶束对电导率的贡献非常小,电导率的增加减缓,摩尔电导率显著减小。

十二烷基硫酸钠又称月桂醇硫酸钠(sodium lauryl sulfate,SLS)是一种常用的阴离子表面活性剂,其结构简式如图 2.18 所示。

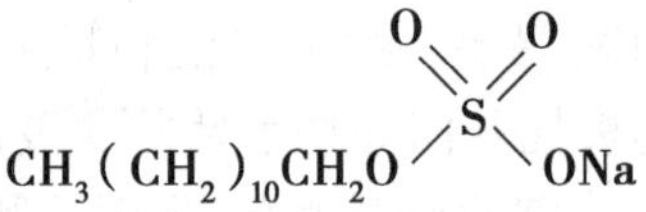

$$CH_3(CH_2)_{10}CH_2O-S(=O)(=O)-ONa$$

图 2.18　十二烷基硫酸钠的结构简式

本实验利用电导率仪测定十二烷基硫酸钠水溶液的电导率 κ,并作电导率、摩尔电导率 Λ_m 与浓度的关系图,从图中的转折点可以求得 CMC 值。

κ 与 Λ_m 的关系见实验项目"2.8　电导法测定乙酸电离平衡常数"。

2.11.3　仪器和试剂

DDS-307A 型电导率仪,电导电极,恒温槽,烧杯,容量瓶(50 mL),0.05 mol/L 十二烷基硫酸钠溶液。

2.11.4　实验步骤

①溶液准备:用去离子水分别配制 50 mL 浓度为 0.002,0.004,0.006,0.008,0.010,0.012,0.014,0.016,0.018,0.020 mol/L 的十二烷基硫酸钠溶液。

②调节恒温水槽水浴温度到 35 ℃或 40 ℃,待测溶液恒温 5 min 以上。

③电导率仪准备与电导池常数的标定见实验项目"2.8　电导法测定乙酸电离平衡常数"。

④清洗电导电极,用电导率仪从稀到浓的顺序分别测定上述各溶液的电导率。使用时,用后一个溶液荡洗电导电极和容器 3 次以上,每个溶液的电导率读数 3 次,取平均值。

⑤实验结束后用蒸馏水洗净试管和电极。

2.11.5　数据处理

①将实验数据记录入表 2.17。

实验温度:__________。

表 2.17　数据记录及处理

浓度 c /(mol·L^{-1})	$\sqrt{c}$/(mol·L^{-1})$^{\frac{1}{2}}$	κ_1 /(S·m^{-1})	κ_2 /(S·m^{-1})	κ_3 /(S·m^{-1})	$\kappa_{平均}$ /(S·m^{-1})	Λ_m /(S·m^2·mol^{-1})

②以 κ-c 作图,求 CMC。

③以 Λ_m-$\sqrt{c}$ 作图,求 CMC。

④查文献值,计算误差。

文献值:40 ℃,$C_{12}H_{25}SO_4Na$ 的 CMC 为 8.7×10^{-3} mol/L。

2.11.6　思考题

①试说出电导法测定临界胶束浓度的原理。

②实验中影响临界胶束浓度的因素有哪些?

实验 2.12　最大泡压法测定溶液表面张力

2.12.1　实验目的

①理解表面张力、表面功、表面吉布斯函数和表面吸附的含义。
②掌握最大泡压法测定溶液表面张力的原理。
③掌握通过吉布斯吸附等温式计算表面吸附量的方法。

2.12.2　实验原理

1) 表面张力和表面吸附

液体表层分子一方面受到内层邻近分子的吸引,另一方面受到液面外部气体分子的吸引。由于前者的作用大于后者,使得液体表面层分子受到垂直于液面并指向液体内部的不对称力,这种不对称力使液体表面分子自发向内挤,使液体表面积有自发减小的趋势,如图 2.19 所示。

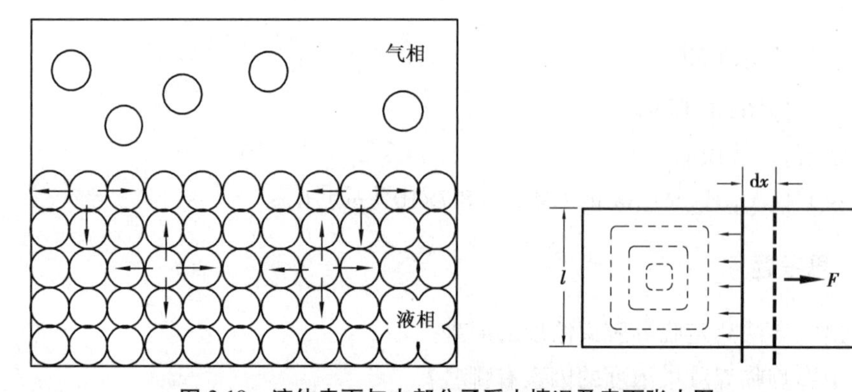

图 2.19　液体表面与内部分子受力情况及表面张力图

欲使表面膜不收缩,可在可移动边上施加一相反的力 F,其大小与边长 l 成正比,比例系数以 γ 表示,因膜有两个表面,故可得:

$$F = 2\gamma l \tag{1}$$

式中　γ——表面张力,可看作是引起液体表面收缩的单位长度上的力,单位为 N/m。

从另一个角度看,欲使液膜表面积增大 dA_s,需对其做表面功,做功大小与增加面积成正比,在可逆条件下有:

$$\delta W' = \gamma dA_s \tag{2}$$

由此可知,γ 也为使系统增加单位表面积所需的可逆功,即表面功(J/m^2)。

由于恒温恒压下,可逆非体积功等于系统的吉布斯函数变,即:

$$\delta W' = dG_{T,p} = \gamma dA_s \tag{3}$$

即 γ 又可称为表面吉布斯函数,单位为 J/m^2。

在一定温度下,纯液体的表面张力为定值。当加入溶质形成溶液时,分子间的作用力发生变化,表面张力也发生变化,其变化的大小取决于溶质的性质和加入量。水溶液表面张力与其组成的关系大致有以下 3 种情况:

①随溶质浓度增加表面张力略有升高,这类物质称为表面惰性物质。

②随溶质浓度增加,表面张力降低,并在开始时降得快些,这类物质称为表面活性物质。

③溶质浓度低时,表面张力就急剧下降,于某一浓度后表面张力几乎不再改变。能使溶剂表面张力显著降低的物质即为表面活性剂。

以上 3 种情况溶质在表面层的浓度与体相中的浓度都不相同,这种现象称为溶液表面吸附。根据能量最低原理,溶质降低溶剂的表面张力时,表面层中溶质的浓度比溶液内部大;溶质使溶剂的表面张力升高时,它在表面层中的浓度小于内部浓度。在指定的温度和压力下,溶质的吸附量与溶液的表面张力及溶液的浓度之间的关系遵守吉布斯吸附等温式:

$$\Gamma = -\frac{c}{RT}\frac{\mathrm{d}\gamma}{\mathrm{d}c} \tag{4}$$

式中　Γ——溶质在表层的吸附量,$\mathrm{mol/m^2}$;

γ——表面张力,N/m;

c——溶质的浓度,mol/L。

若 $\mathrm{d}\gamma/\mathrm{d}c<0$,则 $\Gamma>0$,此时表面层溶质浓度大于本体溶液,称为正吸附。

若 $\mathrm{d}\gamma/\mathrm{d}c>0$,则 $\Gamma<0$,此时表面层溶质浓度小于本体溶液,称为负吸附。

通过实验测得表面张力与溶质浓度的关系,作出 γ-c 曲线,并在此曲线上任取若干点作切线。这些切线的斜率就是相应浓度下的 $\mathrm{d}\gamma/\mathrm{d}c$,将此值代入式(4)便可求出在此浓度时的溶质吸附量 Γ。

2)最大泡压法测表面张力原理

测定溶液的表面张力有多种方法,较为常用的有最大泡压法,其基本原理如图 2.20 所示。调节玻璃毛细管尖端 1 与样品管 5 中待测液面相切接触,则待测液在管内形成凹液面沿毛细管壁上升。缓慢打开微压调节阀 11 增大毛细管上口压力,则管内液柱将会在毛细管尖端形成气泡被排出。

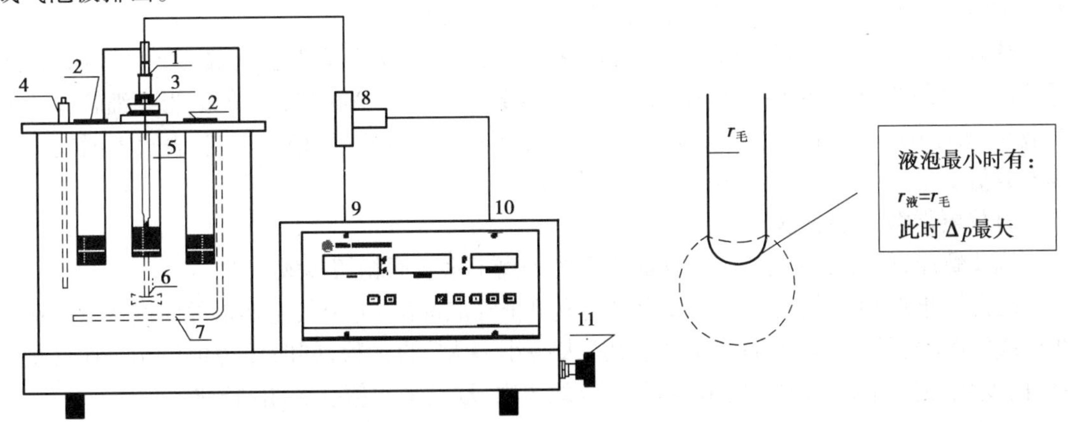

图 2.20　最大泡压法测液体表面张力装置

1—毛细管;2—待测样品管;3—液面调节螺栓;4—温度传感器;5—样品管;6—搅拌器;7—加热器;8—三通管;9—压力传感器;10—微压调节输出接嘴;11—微压调节阀

在气泡形成过程中,气泡所在球体曲率半径经历“大→小→大”的变化,即中间有一极小值 $r_{min}=r_{毛}$,此时气泡的曲率半径最小。根据拉普拉斯公式,气泡承受的弯曲液面产生的压力差也最大,有

$$\Delta p = p_{内} - p_{外} = \frac{2\gamma}{r} \tag{5}$$

此压力差可由压力计读出,则待测液的表面张力为:

$$\gamma = r \times \frac{\Delta p}{2} \tag{6}$$

若用同一支毛细管测两种不同液体,其表面张力分别为γ_1,γ_2,压力计测得最大压力差分别为 Δp_1,Δp_2,则:

$$\frac{\gamma_1}{\gamma_2} = \frac{\Delta p_1}{\Delta p_2} \tag{7}$$

若其中一种液体的γ_1已知,例如纯水,则另一种液体的表面张力可由式(8)求得,即:

$$\gamma_2 = \frac{\gamma_1}{\Delta p_1} \times \Delta p_2 = K \times \Delta p_2 \tag{8}$$

式中,$K=\gamma_1/\Delta p_1$称为仪器常数,可用某种已知表面张力的液体(常用去离子水)测得。

2.12.3 仪器和试剂

最大泡压法表面张力仪,移液管,容量瓶(50 mL),0.5 mol/L 正丁醇溶液,去离子水。

2.12.4 实验步骤

1)仪器准备与检漏

接通仪器电源,开启电源和搅拌开关。在“置数”状态下设置水浴温度为 25 ℃,切换到“工作”状态,水浴开始加热。

往样品管中加入约 10 mL 去离子水,塞上活塞,并将毛细管调节螺栓旋到活塞中(旋入一半即可),将毛细管插入螺栓孔中。将样品管放入水浴中,在 25 ℃下(夏季可适当升高温度)恒温 10 min,调节毛细管螺栓,使毛细管管口进入液面以下。

顺时针(向内)关闭调压阀,在大气压下按“采零”键。塞上毛细管上端的磨口玻璃塞,逆时针(向外)缓慢打开调压阀,使压力计上显示的数值以 4~6 Pa 的频率增长,当毛细管尖产生气泡时,关闭调压阀,至毛细管尖无气泡冒出时,观察压力数值,如稳定不变,表示不漏气。如压力数值变化,则表示漏气,应逐段检查连接处。

2)仪器常数 K 的测量

调节螺栓,使毛细管尖端 1 与样品管 5 中去离子水液面相切接触。

缓慢打开调压阀,使气泡由毛细管尖端成单个气泡逸出,每个气泡形成的时间为 6~10 s。在形成气泡的过程中,液面曲率半径经历“大→小→大”的过程,同时压力值经历“小→大→小”的变化,记录显示屏中间的泡压峰值,读取 3 次,取其平均值。关闭调压阀。

由附录中,查出实验温度时水的表面张力γ_1,则由 $K=\gamma_1/\Delta p_{最大}$计算仪器常数。

3)正丁醇水溶液表面张力的测定

配制 50mL 浓度为 0.05,0.10,0.15,0.20,0.25,0.30 mol/L 的正丁醇溶液。用少量溶液润

洗样品管,在样品管中装入已配制好的正丁醇水溶液约 10 mL 并置于水浴中恒温,用测仪器常数相同的方法,测定各溶液最大压力差,求出各溶液的表面张力 γ。

测量时从稀到浓依次进行,每次测量前必须用少量被测液洗涤样品管及毛细管,确保毛细管内外溶液浓度一致。

实验完毕,洗净玻璃仪器,将毛细管放入装有 3/4 体积蒸馏水的样品管中。关闭电源。

2.12.5　数据处理

数据记录参考格式见表 2.18,计算时注意单位换算。

①查出实验温度下水的表面张力,计算仪器常数 K。

②计算系列正丁醇溶液的表面张力,根据上述计算结果,绘制 γ-c 等温线。

③由 γ-c 等温线作不同浓度的切线,求 $d\gamma/dc$,并求出 Γ,绘制 Γ-c 吸附等温线。$d\gamma/dc$ 可由 Origin,Excel 等软件拟合计算而得。

实验温度:________,水的表面张力:________,仪器常数 K:________。

表 2.18　数据记录及处理

溶液浓度 /($mol \cdot L^{-1}$)	压力差 Δp/kPa				γ/ ($N \cdot m^{-1}$)	$\frac{d\gamma}{dc}$	Γ/ ($mol \cdot m^{-2}$)
	1	2	3	平均值			
0							
0.05							
0.10							
0.15							
0.20							
0.25							
0.30							

2.12.6　注意事项

①所用毛细管必须干净、干燥,应保持垂直,其管口刚好与液面相切。

②从毛细管口脱出气泡每次应为一个,即间断脱出。

③读取压力计的压差时,应取气泡单个逸出时的最大压力差。

④气泡形成时间不能太短,若冒出过快,远离可逆过程,测得的表面张力不能反映该浓度真正的表面张力值。

2.12.7　思考题

①毛细管尖端为何必须调节得恰与液面相切?如果毛细管端口插入液面有一定深度,对实验数据有何影响?

②最大泡压法测定表面张力时为什么要读最大压力差?如果气泡逸出得很快,或几个气

泡一齐出,对实验结果有无影响?

③本实验为何要测定仪器常数?仪器常数与温度有关系吗?

④实验中,对相同浓度的溶液,两组同学测得的压力差并不相同,为什么?

表 2.19　水/空气界面的表面张力 γ 与温度的关系

温度/℃	γ/ ($\times10^{-3}$N·m^{-1})	温度/℃	γ/ ($\times10^{-3}$N·m^{-1})	温度/℃	γ/ ($\times10^{-3}$N·m^{-1})
0	75.64	20	72.25	28	71.50
5	74.92	21	72.59	29	71.35
10	74.22	22	72.44	30	71.18
15	73.49	23	72.28	35	70.38
16	73.34	24	72.18	40	69.56
17	73.20	25	71.91	45	68.74
18	73.05	26	71.82	50	67.91
19	72.90	27	71.66	55	67.05

实验 2.13　蔗糖水解反应速率常数的测定

2.13.1　实验目的

①掌握测定蔗糖水解反应的速率常数和半衰期的方法和原理。
②了解反应物浓度与旋光度之间的关系。
③了解旋光仪的基本原理,掌握旋光仪的正确使用方法。

2.13.2　实验原理

蔗糖水解转化成葡萄糖与果糖的反应方程式为:

$$\underset{(\text{蔗糖,右旋})}{C_{12}H_{22}O_{11}} + H_2O \xrightarrow{H^+} \underset{(\text{葡萄糖,右旋})}{C_6H_{12}O_6} + \underset{(\text{果糖,左旋})}{C_6H_{12}O_6}$$

为使水解反应加速,反应常常以 H^+ 为催化剂。在一定温度和 H^+ 浓度下,该反应速率与蔗糖和水的浓度有关,是二级反应。但是,反应体系中水以溶剂形式大量存在,反应达终点时,可认为其浓度没有改变,则该反应可视为一级反应,故以蔗糖浓度变化表示反应速率方程的微分式为:

$$-\frac{\mathrm{d}c}{\mathrm{d}t} = kc \tag{1}$$

对式(1)进行变量分离、定积分后得:

$$\ln\frac{c_0}{c_t} = kt \quad \text{或} \quad \ln c_t = -kt + \ln c_0 \tag{2}$$

式中　c_0——蔗糖的初始浓度;
　　c_t——反应时间 t 时的蔗糖浓度;
　　k——水解反应的速率常数。

从式(2)可以看出,在不同的时间点测出蔗糖的浓度 c_t,并以 $\ln c_t$ 对 t 作图,可得一直线,其斜率的相反数即为反应速率常数 k。

反应中要直接测出某一时刻蔗糖的浓度比较困难。但是根据蔗糖及其生成物都具有旋光性、且旋光能力不同的特点,可利用体系在反应过程中旋光度的改变来量度反应进程。

反应进行时,以一束偏振光通过溶液,则可观察到偏振面的转移,如图 2.21 所示。

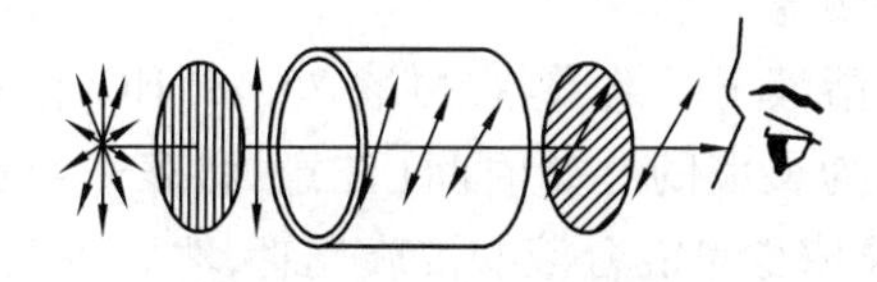

图 2.21　左旋体使偏振光的振动面向左旋转

偏振面的转移角度称为旋光度，以 α 表示。α 值与溶液中所含物质种类、浓度、液层厚度、光源波长及反应温度等因素有关。当其他条件固定时，旋光度 α 与反应物浓度 c 呈线性关系，即：

$$\alpha = \beta c \tag{3}$$

式中　β——与物质旋光能力、溶液厚度、溶剂性质、光源波长、反应温度等因素有关系的常数。

物质的旋光能力用比旋光度[α]来表示，其值为盛液管长度 1 dm，浓度为 1 g/mL 时的旋光度值。蔗糖、葡萄糖、果糖的比旋光度为：

$$[\alpha_{蔗}]_{D}^{20\ ℃} = +66.65°, \quad [\alpha_{葡}]_{D}^{20\ ℃} = +52.5°, \quad [\alpha_{果}]_{D}^{20\ ℃} = -91.9°$$

其中，+表示右旋，-表示左旋，D 表示钠光灯源。

可见蔗糖水解时，右旋角逐渐减小。反应终了时，体系的旋光度将经过零变成左旋。

蔗糖水解反应溶液的旋光度为各组成旋光度之和（加和性）。若以 α_0，α_t，α_∞ 分别为反应时间 0，t，∞ 时溶液的旋光度，可导出：

$$c_0 \propto (\alpha_0 - \alpha_\infty), c_t \propto (\alpha_t - \alpha_\infty) \tag{4}$$

将式(4)代入式(2)可得：

$$\ln \frac{\alpha_0 - \alpha_\infty}{\alpha_t - \alpha_\infty} = kt \quad 或 \quad \ln(\alpha_t - \alpha_\infty) = -kt + \ln(\alpha_0 - \alpha_\infty) \tag{5}$$

式中，$\ln(\alpha_t - \alpha_\infty)$ 对 t 作图，直线斜率的相反数也是反应速度常数 k。

一级反应的半衰期则用下式求取：

$$t_{\frac{1}{2}} = \frac{\ln 2}{k} = \frac{0.693}{k} \tag{6}$$

2.13.3　仪器和试剂

旋光仪，超级恒温水浴，普通水浴锅，锥形瓶（100 mL），移液管（25 mL），秒表，2 mol/L HCl 溶液，200 g/L 蔗糖溶液。

2.13.4　实验步骤

1）实验准备

开启旋光仪电源，按下“光源”键，预热 10 min 以上，待钠光灯稳定。

将恒温水浴调节到 25 ℃（夏天适当调高），然后将旋光管口外套接上恒温水。

2）旋光仪零点调节

清洗旋光管，在其中注满去离子水，放入旋光仪暗箱中，按下“测量”键，仪器应显示为 00.000。若示值不为 00.000，按“采零”键使其归零。

3）蔗糖水解过程中 α_t 的测定

用移液管取 25 mL 蔗糖溶液于一锥形瓶，再取 25 mL HCl 溶液加入蔗糖溶液，在 HCl 溶液加入约一半时启动秒表作为反应的开始时间（**注意：秒表一经启动，勿停直至实验完毕**）。不断振荡摇动锥形瓶后，迅速取少量混合液润洗旋光管，然后将混合液注满旋光管，盖好玻璃片，旋紧套盖（检查是否漏液、气泡），擦净旋光管两端玻璃片，快速放入旋光仪中，盖上箱盖，仪器数显窗将显示出该样品的旋光度。反应开始第 2 min 时读取第一个数据，第 5 min 时读取第二个数据，之后每 5 min 读取一次，一直测量到旋光度为负值或一直做到反应 90 min 为止。

4) α_∞ 的测定

在进行第 3 步的同时，将步骤 3 中剩余的混合液置于 75 ℃水浴内恒温 60 min 以上，使其加速反应至完全，然后取出，冷却至水浴温度，测其旋光度，此值即是 α_∞。

2.13.5 数据处理

①完成表 2.20，用 $\ln(\alpha_t-\alpha_\infty)$ 对 t 作图，由直线斜率求出反应速率常数 k。

②计算反应的半衰期 $t_{1/2}$。

反应温度：__________，蔗糖浓度：__________，盐酸浓度：__________。

表 2.20 数据记录及处理

t/min										
α_t										
$\alpha_t-\alpha_\infty$										
$\ln(\alpha_t-\alpha_\infty)$										

2.13.6 思考题

①蔗糖溶液时是否可以粗略配制？为什么？

②蔗糖的转化速度和哪些因素有关？

③反应开始时，为什么将盐酸溶液倒入蔗糖溶液中，而不是相反？

2.13.7 延伸阅读

活化能 E_a 是化学反应的主要动力学参数，可表征化学反应进行的难易。催化剂改变一个化学反应的反应速率，就是通过改变化学反应的途径，进而改变活化能来实现的。若在一定的温度范围内，活化能 E_a 可视为常数，那么，通过实验分别测出两个温度 T_1，T_2（单位为 K）之下的反应速率常数 k_1，k_2，就可由阿伦尼乌斯（Arrhenius）定积分公式计算活化能 E_a，如下式：

$$\ln \frac{k_2}{k_1} = -\frac{E_a}{RT}\left(\frac{1}{T_2} - \frac{1}{T_1}\right)$$

其操作方法如下：

①按前述方法测定 25 ℃（夏天适当调高）蔗糖水解过程中 α_t 和 α_∞，此温度计为 T_1。

②将恒温水浴升高 5 ℃，测定蔗糖水解过程中 α_t 和 α_∞，此温度计为 T_2。

③分别用两个温度下的 $\ln(\alpha_t-\alpha_\infty)$ 对 t 作图，由直线斜率求出反应速率常数 k_1，k_2，并根据阿伦尼乌斯定积分公式计算反应的活化能 E_a。

实验 2.14　乙酸乙酯皂化反应速率常数的测定

2.14.1　实验目的

①掌握测定乙酸乙酯皂化反应的速率常数和活化能的原理和方法。
②了解二级反应的特点，掌握用图解法求二级反应的速率常数。
③掌握电导率仪的使用。

2.14.2　实验原理

1) 反应速率方程

酯在强碱条件下发生水解生成醇和羧酸盐的反应称为皂化反应。

乙酸乙酯皂化反应是一个典型的二级反应。控制反应物 $CH_3COOC_2H_5$ 和 NaOH 起始浓度相等，用 c_0 表示；当反应进行至 t 时刻，所生成的 CH_3COONa 和 C_2H_5OH 浓度为 x，$CH_3COOC_2H_5$ 和 NaOH 的剩余浓度为(c_0-x)，则反应时间为 $0, t, \infty$ 时各物质的浓度关系为：

$$CH_3COOC_2H_5 + NaOH = CH_3COONa + C_2H_5OH$$

	$CH_3COOC_2H_5$	NaOH	CH_3COONa	C_2H_5OH
$t=0$	c_0	c_0	0	0
$t=t$	c_0-x	c_0-x	x	x
$t\to\infty$	$c_0-x\to 0$	$(c_0-x)\to 0$	$x\to c_0$	$x\to c_0$

用产物浓度随时间变化来表征反应进程，则此二级反应速率微分式如式(1)：

$$\frac{dx}{dt}=k(c_0-x)^2 \tag{1}$$

式中　k——二级反应速率常数，单位是 $m^3/(mol \cdot s)$。

对式(1)在时间 $t=0$ 至 $t=t$ 区间定积分可得式(2)：

$$\frac{1}{c_0}\cdot\frac{x}{c_0-x}=kt \tag{2}$$

由式(2)可以看出，反应物原始浓度 c_0 已知，只要能测出 t 时刻产物浓度 x 值，以 $\frac{1}{c_0}\cdot\frac{x}{c_0-x}$ 对 t 作图得一直线，其斜率即反应速率常数 k。

由实验测出反应在两个温度 T_1, T_2 下速率常数 k_1, k_2，根据阿伦尼乌斯公式可计算出该反应的活化能 E_a：

$$\ln\frac{k_2}{k_1}=-\frac{E_a}{R}\left(\frac{1}{T_2}-\frac{1}{T_1}\right) \tag{3}$$

2) 电导法测定速率常数原理

乙酸乙酯皂化反应中的物质浓度变化可由溶液电导率的变化来量度。

反应中，导电能力强的 OH^- 逐渐被导电能力弱的 CH_3COO^- 取代，Na^+ 浓度不变，$CH_3COOC_2H_5$ 和 C_2H_5OH 不具有明显的导电性，所以随着反应进行，反应体系电导率逐渐减小，其减小值与生成物 CH_3COONa 的浓度 x 成正比。

令 $\kappa_0,\kappa_t,\kappa_\infty$ 分别表示反应时间为 $0,t,\infty$（反应完全）时反应溶液体系的电导率。其中 κ_0 是浓度为 c_0 的 NaOH 溶液的电导率；κ_∞ 是浓度为 c_0 的 CH_3COONa 溶液的电导率；κ_t 是浓度为 (c_0-x) 的 NaOH 与浓度为 x 的 CH_3COONa 混合溶液的电导率，如式(4)所示：

$$\kappa_0 = m_1 c_0 \tag{4}$$

$$\kappa_\infty = m_2 c_0 \tag{5}$$

$$\kappa_t = m_1(c_0 - x) + m_2 x \tag{6}$$

式中　m_1,m_2——与温度、电解质和溶剂有关的比例系数。

由式(4)—式(6)可得：

$$x = c_0 \frac{\kappa_0 - \kappa_t}{\kappa_0 - \kappa_\infty} \tag{7}$$

将式(7)代入式(2)，整理后得：

$$\kappa_t = \frac{1}{c_0 k} \cdot \frac{\kappa_0 - \kappa_t}{t} + \kappa_\infty \tag{8}$$

以 κ_t 对 $\frac{\kappa_0-\kappa_t}{t}$ 作图可得一条直线，由直线斜率可求得速率常数 k。

2.14.3　仪器和试剂

DDS-307A 型电导率仪，电导电极，混合反应器，恒温槽，秒表，烧杯，锥形瓶，移液管，0.020 mol/L NaOH 溶液，0.020 mol/L $CH_3COOC_2H_5$ 溶液。

2.14.4　实验步骤

1) 实验准备

①打开恒温槽，设置恒温在 25 ℃，夏天可设定更高的温度。

②电导率仪准备与电导池常数的标定见实验项目“2.8　电导法测定乙酸电离平衡常数”。

2) 电导率测定

①测定 κ_0。用移液管取去离子水和 NaOH 溶液各 25 mL 于一洁净的锥形瓶内，插入电导电极后将其置于恒温槽中，约 10 min 后测定其电导率，所得值即为相应温度下的 κ_0 值。

②测定 κ_t。用移液管取 7 mL NaOH 溶液于混合反应器的 1 池，取 7 mL $CH_3COOC_2H_5$ 溶液于混合反应器的 2 池(图 2.22)，将电导电极插入 2 池。混合反应器置于恒温槽中，约10 min 后温度恒定，用洗耳球将 1 池中的 NaOH 溶液吹入 2 池，使之与 $CH_3COOC_2H_5$ 溶液混合，启动秒表开始计时；再用洗耳球重复吹 3～5 次，使溶液混合均匀。由计时开始在第 2,4,6,8,10,15,20,25,30 min 时测混合溶液电导率，即为 κ_t。

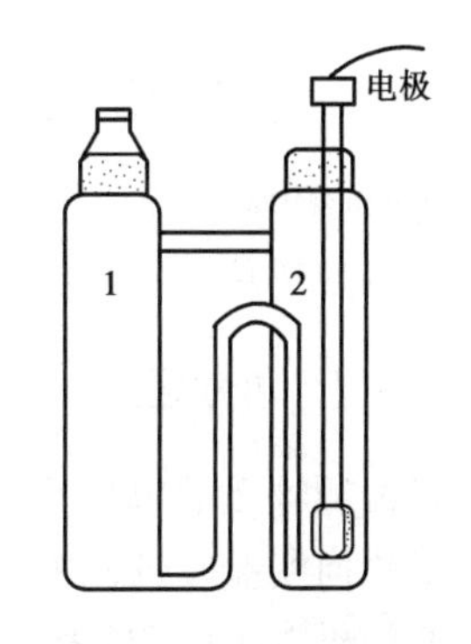

图 2.22　混合反应器示意图

1—装 NaOH 溶液；

2—装 $CH_3COOC_2H_5$ 溶液

③将恒温槽温度设置为 35 ℃,重复上述步骤,测定反应体系在更高温度下的 κ_0 和 κ_t。

2.14.5 数据处理

1)数据记录

①记录实验温度 T_1时的实验数据(表 2.21)。

实验温度 T_1:__________,NaOH 溶液浓度(混合后):__________,$CH_3COOC_2H_5$溶液浓度(混合后):__________。

表 2.21 数据记录及处理

反应时间/min	2	4	6	8	10	15	20	25	30
$\kappa_t/(S \cdot m^{-1})$									
$(\kappa_0-\kappa_t)/t$									

②记录实验温度 T_2时的实验数据(表 2.22)。

实验温度 T_2:__________,NaOH 溶液浓度(混合后):__________,$CH_3COOC_2H_5$溶液浓度(混合后):__________。

表 2.22 数据记录及处理

反应时间/min	2	4	6	8	10	15	20	25	30
$\kappa_t/(S \cdot m^{-1})$									
$(\kappa_0-\kappa_t)/t$									

2)作图

以两个温度下测得的 κ_t对$(\kappa_0-\kappa_t)/t$ 作图,由所得直线斜率求得两个速率常数 k_1,k_2。

3)求活化能 E_a

由 k_1,k_2值,根据阿伦尼乌斯公式求出反应的活化能 E_a。

2.14.6 注意事项

①NaOH 溶液和乙酸乙酯混合前应预先恒温。

②电导率仪的使用参见实验项目“2.11 表面活性剂临界胶束浓度 CMC 的测定”。

2.14.7 思考题

①被测物质的电导是哪些离子的贡献?反应进程中溶液的电导率为何发生变化?

②如何实验验证乙酸乙酯皂化反应为二级反应?

③如果 NaOH 和 $CH_3COOC_2H_5$起始浓度不相等,则应怎样计算 k 值?

④本实验为何采用稀溶液?浓溶液可否?

实验 2.15　氢氧化铁溶胶的制备与电泳

2.15.1　实验目的

①掌握 $Fe(OH)_3$溶胶的制备和纯化方法。

②了解 $Fe(OH)_3$溶胶的电泳性质。

③掌握通过测定 $Fe(OH)_3$溶胶的电泳速率计算 ζ电位的原理和方法。

2.15.2　实验原理

1) 溶胶的定义、制备和纯化

胶体系统可分为溶胶、高分子溶液及缔合胶体。其中溶胶的分散相是由许多原子或分子组成的粒子,其分散介质可以是气相(气溶胶)、固相(固溶胶)和液相。一般所说的溶胶是指固体分散在液体中,其分散相是由许多原子或分子组成的有界面的粒子,粒子的大小为 1~1 000 nm。溶胶具有多相性、高度分散性、热力学不稳定性。

溶胶的制备方法有分散法和凝聚法。分散法是使物质由大颗粒变为小颗粒,一般采用研磨法、超声波法、气流粉碎法等方法实现。凝聚法是使以分子或离子存在的物质聚集成胶体粒子,常用的方法有物理凝聚法、化学凝聚法等。

制备所得溶胶一般采用渗析和电渗析的方法使之纯化。渗析法是利用半透膜把溶胶和溶剂隔开,溶胶颗粒比较大不能透过半透膜,而离子和小分子可以穿过半透膜进入溶剂,通过不断更换溶剂就可以把溶液中的小分子杂质去除。在外电场作用下可以加速阴、阳离子的定向运动速度,从而加快渗析速度,这种方法称为电渗析。

2) 胶体粒子的双电层结构

由于自身的解离或选择性吸附一定量的离子,胶粒表面带有一定量的电荷。静电引力作用下,溶液中的胶粒要吸引等量、带有相反电荷的离子(反离子)环绕在固体粒子周围,这样在固液两相之间形成双电层。这种双电层结构可用斯特恩(Stern)模型描述(图 2.23)。

双电层包括固定吸附层(斯特恩层)和扩散层。当固体和液体发生相对移动时,固定层中的反离子与固体粒子一起运动;由于离子溶剂化作用,固体表面也有一层溶剂随固体粒子一起移动,固-液两相相对移动的滑动面在斯特恩层稍靠外一些,由此在固体与溶液之间形成三种电势:固体表面与溶液本体之间的电势 φ_0(整个双电层的电势);在距固体表面约一个离子半径处即斯特恩面与溶液本体之间的电势 φ_δ;以及滑动面与溶液本体之间的电势,称为ζ电势。只有当固液两相发生相对移动时才能呈现出ζ电势。ζ电势的大小,反映了胶粒带电的程度,与电动现象密切相关,也称为电动电势。

3) 溶胶电泳和ζ电势的测定

在外加电场的作用下,带电胶体粒子在分散介质中的定向移动称为电泳。

一定温度和外电场下,胶粒的电泳速度 v 与ζ电势的关系为

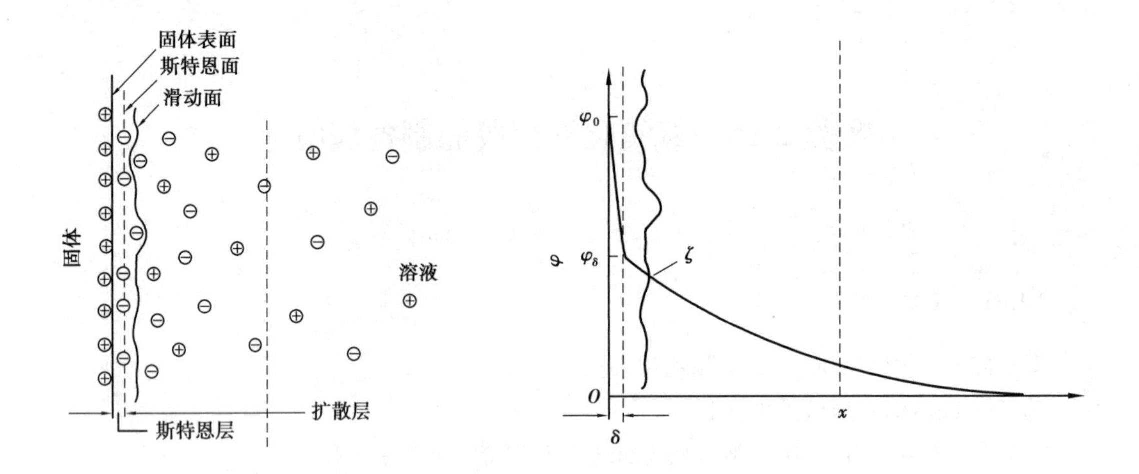

图 2.23　正电荷胶粒的斯特恩双电层模型及电势分布

$$\zeta = \frac{\eta v}{\varepsilon E} \tag{1}$$

式中　η——介质的黏度,Pa·s;

ε——介质的介电常数,F/m;

$v=L'/t$——电泳速度,m/s;

L'——时间 t 内溶胶与辅液的界面在电场作用下移动的距离,m;

$E=U/L$——电场强度,V/m;

U——通电电压,V;

L——两电极间距离,m。

由此可得

$$\zeta = \frac{\eta L L'}{\varepsilon U t} \tag{2}$$

由实验测出 L,L',U,t,即可由式(2)计算胶粒的 ζ 电势。

2.15.3　仪器和试剂

DDS-307A 型电导率仪,稳压电源,U 形电泳仪,铂电极 2 只,半透膜透析袋[MW:3500],烧杯,电热套,无水 $FeCl_3$,0.05 mol/L KCl 溶液。

2.15.4　实验步骤

①$Fe(OH)_3$溶胶的制备。将 0.5 g 无水 $FeCl_3$溶于 20 mL 去离子水,边搅拌边将上述溶液滴入 200 mL 沸水中,控制在 4~5 min 内滴完,然后再煮沸 1~2 min,即制得 $Fe(OH)_3$溶胶,其胶团结构式为$\{[Fe(OH)_3]_m n Fe^{3+}\cdot(3n-x)Cl^-\}^{x+} \vdots xCl^-$。

②溶胶的纯化。将冷却至约 50 ℃的 $Fe(OH)_3$溶胶转移到透析袋,用约 50 ℃的去离子水进行渗析纯化,约 10 min 换水 1 次,渗析 6 次以上,使溶胶的电导率小于 2.0 mS/cm。

用 0.05 mol/L KCl 溶液和去离子水配制与溶胶电导率相近的辅助液。若二者电导率相差较大,则整个电泳管内电位梯度相差较大。

③清洗 U 形电泳仪。如图 2.24 所示，关紧电泳仪下端的活塞，用滴管沿侧管壁加入 $Fe(OH)_3$溶胶。若溶胶前端有气泡，可慢慢旋开活塞放出，但切勿使溶胶流过活塞。从 U 形管上口加入辅助液，加入至 U 形管刻度 4 cm 处。

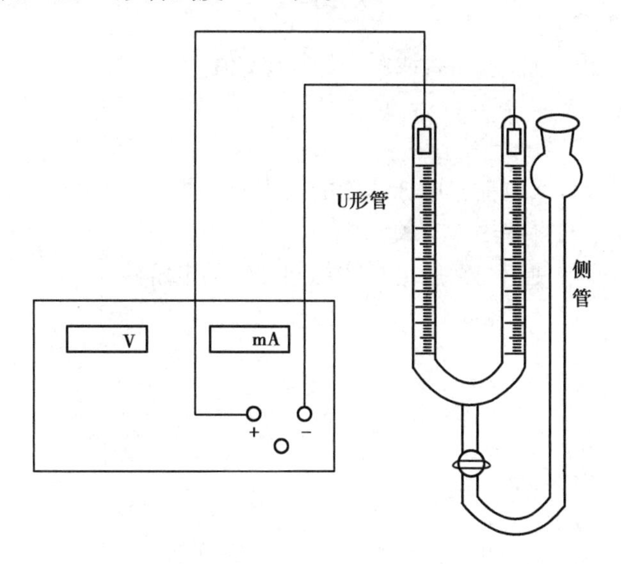

图 2.24　胶体电泳实验装置

④缓慢打开活塞放出溶胶，使辅助液上液面至 U 形管刻度 10 cm 处。关闭活塞，轻轻将两铂电极插入 U 形管辅助液，记录溶胶与辅助液界面的高度，用细线测量电极两端的距离 L。

注意：打开活塞一定要慢，动作过大会使溶胶和辅助液搅混，导致实验失败。

⑤将稳压电源调节旋钮逆时针旋到底，将"+""−"输出线与铂电极相接，接好线路，开启电源，调节输出电压为 20 V，同时开始计时，观察胶体界面移动，每 5 min 记录一次界面移动的距离 L'。

若电泳开始时界面有轻微模糊，需等到界面稳定后开始计时。电泳时 U 形管两侧移动的距离可能不同，以最显著的为准，测量 40 min 后即可停止实验。

实验完毕，关闭电泳仪，收集 U 形管中的试液，清洗仪器，清洗半透膜透析袋，浸泡于纯水中。

2.15.5　数据处理

①记录实验数据于表 2.23。

室温：__________，电极间距离 L：__________，电压 U：__________。

表 2.23　数据记录及处理

电泳时间/min		0	5	10	15	20	25	30	35	40
界面位置/mm	正极									
	负极									
电泳速率/$(m \cdot s^{-1})$										

②由实验结果,以界面移动显著的电极为准,计算电泳速率 $v = L'/t$。

③对关系式 $\zeta = \eta LL'/\varepsilon Ut$ 进行移项处理可得

$$L' = \frac{\zeta \varepsilon Ut}{\eta L}$$

以 L' 对 t 作图,可得一直线,由直线斜率计算出 ζ 值。

2.15.6 思考题

①氢氧化铁溶胶带什么电荷? 电泳速度的大小与哪些因素有关?

②电泳速度的大小与哪些因素有关?

③本实验中为什么要使用与溶胶电导率相同的辅助电解液?

实验2.16　磁化率的测定

2.16.1　实验目的

①掌握古埃法测定磁化率的原理和方法。

②掌握测定3种络合物的磁化率并求算未成对电子数的方法,判断其配键类型。

2.16.2　实验原理

1)物质的磁性与分子结构

物质在外磁场中,会被磁化并感生一附加磁场,其磁场强度 H' 与外磁场强度 H 之和称为该物质的磁感应强度 B,即

$$B = H + H' \tag{1}$$

磁感应强度SI单位是特[斯拉](T)。

物质的磁化可用磁化强度 I 来描述,$H' = 4PI$。对于非铁磁性物质,I 与外磁场强度 H 成正比

$$I = KH \tag{2}$$

式中　K——物质的单位体积磁化率(简称磁化率),是物质的一种宏观磁性质。

在化学中常用摩尔磁化率 χ_m 表示物质的磁性质,它的定义是

$$\chi_m = \frac{MK}{\rho} \tag{3}$$

式中　ρ——物质的密度;

　　M——摩尔质量。

由于 K 是无量纲的量,所以 χ_m 的单位是 cm^3/mol。

根据 χ_m 的特点可把物质分为3类:$\chi_m>0$ 的物质称为顺磁性物质;$\chi_m<0$ 的物质称为反磁性物质;另外有少数物质的 χ_m 值与外磁场 H 有关,它随外加磁场强度的增加而急剧增强,而且往往有剩磁现象,这类物质称为铁磁性物质,如铁、钴、镍等。

物质的磁性与组成物质内部电子的自旋运动有关。若物质内部的电子均自旋相反而成对,电子自旋产生的磁效应彼此抵消,故无永久磁矩,表现出反磁性。

相反,物质内部有成单电子,电子自旋产生的磁效应不能抵消,所以具有永久磁矩。在外磁场中,永久磁矩顺着外磁场方向排列,产生顺磁性。顺磁性物质的摩尔磁化率 χ_m 是摩尔顺磁化率与摩尔反磁化率之和,即

$$\chi_m = \chi_{顺} + \chi_{反} \tag{4}$$

通常 $\chi_{顺}$ 比 $\chi_{反}$ 大约1~3个数量级,所以这类物质总表现出顺磁性,其 $\chi_m>0$。

在顺磁性物质中，存在自旋未配对电子，顺磁化率与分子永久磁矩的关系服从居里定律

$$\chi_{顺} = \frac{N_A \mu_m^2}{3KT} \tag{5}$$

式中　N_A——阿伏伽德罗常数；

K——玻尔兹曼常数；

T——热力学温度；

μ_m——分子永久磁矩。

由此可得

$$\chi_m = \frac{N_A \mu_m^2}{3KT} + \chi_{反} \tag{6}$$

由于$\chi_{反}$不随温度变化（或变化极小），所以只要测定不同温度下的χ_m并对 $1/T$ 作图，截距即为$\chi_{反}$，由斜率则可求出 μ_m。由于比$\chi_{顺}$小得多，所以在不很精确的测量中可忽略$\chi_{反}$作近似处理

$$\chi_m = \chi_{顺} = \frac{N_A \mu_m^2}{3KT} \tag{7}$$

物质的永久摩尔磁矩 μ_m和它所含有未成对电子数 n 的关系为

$$\mu_m = \mu_B \sqrt{n(n+2)} \tag{8}$$

式中　μ_B——玻尔磁子，其物理意义是单个自由电子自旋所产生的磁矩。

$$\mu_B = \frac{eh}{4\pi\, m_e} = 9.273 \times 10^{-24}\ \mathrm{J/T}$$

式(7)将物质的宏观物理性质χ_m和其微观性质 μ_m联系起来，因此只要实验测得χ_m代入式(7)就可求出永久摩尔磁矩 μ_m，再用式(8)即可求得含有的未成对电子数 n。

磁矩测量对于研究某些原子或离子的电子结构，判断配合物分子的配键类型是很有意义的。通常认为配合物可分为电价配合物和共价配合物两种。电价配合物是指中心离子与配位体之间是依靠静电引力结合起来的，这种化学键叫电价配键。这时中心离子的电子结构不受配位体的影响，基本上保持自由离子的电子结构。共价配合物则是以中心离子的空的价电子轨道接受配位体的孤对电子以形成共价配键，这时中心离子往往发生电子重排，以腾出更多空的内层价 d 轨道来容纳配位体的电子对。

例如，Fe^{2+}在自由离子状态下的 3d 轨道电子结构是

(↑↓) (↑) (↑) (↑) (↑)

当它与 6 个 H_2O 配位体形成配离子时，中心离子 Fe^{2+}仍然保持着上述自由离子状态下的电子结构，故此配合物是电价配合物。而黄血盐 $K_4Fe(CN)_6$，由实验测得 $\mu=0$，则 $n=0$，中心离子 Fe^{2+}的电子结构发生重排，此时 Fe^{2+}的 3d 轨道电子结构是

(↑↓) (↑↓) (↑↓) ( ) ( )

故 $K_4[Fe(CN)_6]$是共价配合物。

2)古埃法测定磁化率

古埃(Gouy)法测定磁化率的原理如图2.25所示。

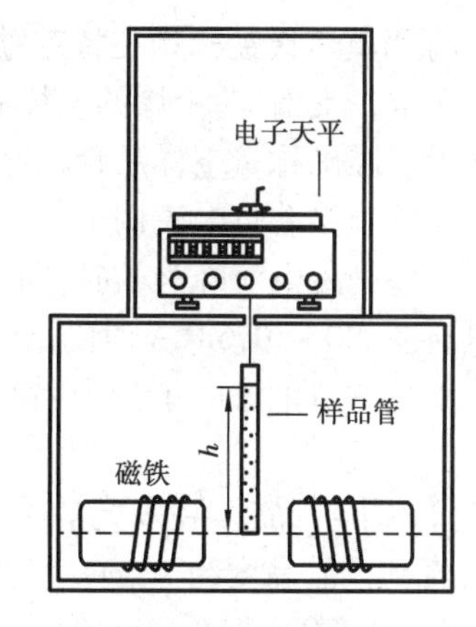

图2.25　古埃磁天平示意图

一个截面积为A的样品管,装入高度为h、质量为m的样品后,放入非均匀磁场中。样品管底部位于磁场强度最大处,即磁极中心线上,此处磁场强度为H。样品最高处磁场强度为零。前已述及,对于顺磁性物质,此时产生的附加磁场与原磁场同向,即物质内磁场强度增大,在磁场中受到吸引力。设χ_0为空气的体积磁化率,可以证明,样品管内样品受到的力为:

$$F=\frac{1}{2}A(\chi-\chi_0)\mu_0H^2 \tag{9}$$

将式(3)代入式(9),并考虑到$\rho=\frac{m}{hA}$,而χ_0值很小,相应的项可以忽略,可得

$$F=\frac{1}{2}\frac{m\chi_m\mu_0H^2}{Mh} \tag{10}$$

在磁天平法中利用精度为0.1 mg的电子天平间接测量F值。设Δm_0为空样品管在有磁场和无磁场时的称量值的变化,Δm为装样品后在有磁场和无磁场时的称量值的变化,则

$$F=(\Delta m-\Delta m_0)g \tag{11}$$

式中　g——重力加速度。

将式(9)代入式(10),可得

$$\chi_m=\frac{2(\Delta m-\Delta m_0)ghM}{\mu_0mH^2} \tag{12}$$

磁场强度H可由特斯拉计或CT5高斯计测量。应该注意,高斯计测量的实际上是磁感应强度B。磁场强度H可由$B=\mu_0H$关系式计算得到,也可用已知磁化率的莫尔氏盐标定。莫尔氏盐的摩尔磁化率χ_m^B与热力学温度T的关系为:

$$\chi_m^B=\frac{9\ 500}{T+1}\times4\pi\times M\times10^{-9}(m^3/mol) \tag{13}$$

式中　M——莫尔氏盐的摩尔质量,kg/mol。

2.16.3　仪器和试剂

古埃磁天平(包括磁极、励磁电源、电子天平等),CT5型高斯计,玻璃样品管,装样品工具(包括研钵、角匙、小漏斗等),莫尔氏盐$(NH_4)_2SO_4\cdot FeSO_4\cdot 6H_2O$(分析纯),$FeSO_4\cdot 7H_2O$(分析纯),$K_3Fe(CN)_6$(分析纯),$K_4Fe(CN)_6\cdot 3H_2O$(分析纯)。

2.16.4　实验步骤

1)磁场强度分布的测定

①分别在特定励磁电流($I_1=2.0$ A,$I_2=4.0$ A,$I_3=6.0$ A)的条件下,用高斯计测定从磁场中心起,每提高1 cm处的磁场强度,直至离磁场中心线20 cm处为止。

②重复上述实验,并求各高度处的磁场强度平均值。

2)用莫尔氏盐标定在特定励磁电流下的磁场强度 H

①取一支清洁、干燥的空样品管,悬挂在天平一端的挂钩上,使样品管的底部在磁极中心连线上。准确称量空样品管,然后将励磁电流电源接通,依次称量电流在2.0,4.0,6.0 A时的空样品管。接着将电流调至7 A,然后减小电流,再依次称量电流在6.0,4.0,2.0 A时的空样品管。将励磁电流降为零时,断开电源开关,再称量一次空样品管。由此可求出样品质量 m_0 及电流在2.0,4.0,6.0 A时的 Δm_0(应重复一次取平均值)。

上述调节电流由小到大、再由大到小的测定方法,是为了抵消实验时磁场剩磁现象的影响。

②取下样品管,装入莫尔氏盐(在装填时要不断将样品管底部敲击木垫,使样品粉末填实),直到样品高度约15 cm为止。准确测量样品高度 h,测量电流为零时莫尔氏盐的质量 m_B 及2.0,4.0,6.0 A时的 Δm_B 的平均值。

3)测定未知样品的摩尔磁化率 χ_m

用标定磁场强度的样品管分别装入 $FeSO_4 \cdot 7H_2O$,$K_3Fe(CN)_6$ 和 $K_4Fe(CN)_6 \cdot 3H_2O$,同上要求测定其 h,m 及2.0,4.0,6.0 A时的 Δm。

2.16.5 数据处理

①分别描绘在特定励磁电流为2.0,4.0,6.0 A时的磁场强度随着距离磁场中心线高度而变化的分布曲线。

②由莫尔氏盐的磁化率和实验数据计算各特定励磁电流相应的磁场强度值,并与高斯计测量值进行比较。

③由 $FeSO_4 \cdot 7H_2O$,$K_3Fe(CN)_6$ 和 $K_4Fe(CN)_6 \cdot 3H_2O$ 的实验数据,分别计算和讨论在 $I_1=2.0$ A,$I_2=4.0$ A,$I_3=6.0$ A时的 χ_m,μ_m 以及未成对电子数 n。

④讨论 $FeSO_4 \cdot 7H_2O$,$K_3Fe(CN)_6$ 和 $K_4Fe(CN)_6 \cdot 3H_2O$ 中 Fe^{2+} 的外电子层结构和配键类型。

2.16.6 注意事项

①所测样品应研细,样品管一定要干净。

②装样时不要一次加满,应分次加入,边加边碰击填实后,再加再填实,尽量使样品紧密均匀。

③挂样品管的悬线不要与任何物体接触。

④加外磁场后,应检查样品管是否与磁极相碰。

2.16.7 思考题

①在不同的励磁电流下测定的样品摩尔磁化率是否相同?为什么?实验结果若有不同应如何解释?

②从摩尔磁化率如何计算分子内未成对电子数及判断其配键类型?

③为什么要先测空样品管在有磁场和无磁场时的质量变化?

④为什么以莫尔氏盐为标准样,它有什么特性?

实验2.17　B-Z振荡反应

2.17.1　实验目的

①了解Belousov-Zhabotinsky反应的基本原理。
②掌握研究化学振荡反应的一般方法。
③掌握测定振荡反应的诱导期、振荡周期和寿命的方法。

2.17.2　实验原理

通常的化学反应各组分的浓度总是随时间单调地变化，最后达到平衡状态。然而在某些化学反应体系中，有些组分的浓度却随时间周期性地变化，这些现象称为化学振荡。

早在17世纪，波义耳就观察到磷放置在留有少量缝隙的带塞烧瓶中时，会发生周期性的闪亮现象。这是由于磷与氧的反应是一支链反应，自由基累积到一定程度就发生自燃，瓶中的氧气被迅速耗尽，反应停止。随后氧气由瓶塞缝隙扩散进入，一定时间后又发生自燃。

最著名的化学振荡反应是1959年首先由别洛索夫(Belousov)观察发现，随后柴波廷斯基(Zhabotinsky)继续了该反应的研究。他们报道了以金属铈离子作催化剂时，柠檬酸被$HBrO_3$氧化可发生化学振荡现象，后来又发现了一批溴酸盐的类似反应，人们把这类反应称为Belousov-Zhabotinsky反应，即B-Z振荡反应。丙二酸在溶有硫酸铈的酸性溶液中被溴酸钾氧化的反应就是一个典型的B-Z振荡反应。

1972年，R.J.Fiela，E.Koros，R.Noyes等人通过实验对上述振荡反应进行了深入研究，提出了FKN机理。

该系统的总反应为：

$$5CH_2(COOH)_2 + 3H^+ + 3BrO_3^- \xrightarrow{Ce^{3+}/Ce^{4+}} 3BrCH(COOH)_2 + 2HCOOH + 4CO_2 + 5H_2O$$

反应由3个主过程组成：

过程A：　$BrO_3^- + 2Br^- + 3CH_2(COOH)_2 + 3H^+ \longrightarrow 3BrCH(COOH)_2 + 3H_2O$

过程B：　$BrO_3^- + 4Ce^{3+} + 5H^+ \longrightarrow HOBr + 4Ce^{4+} + 2H_2O$

过程C：　$HOBr + 4Ce^{4+} + BrCH(COOH)_2 + H_2O \longrightarrow 2Br^- + 4Ce^{3+} + 3CO_2 + 6H^+$

当系统中$[Br^-]$足够大时，反应按A过程进行，$[Br^-]$不断下降，到达其临界值时，B过程启动，Ce^{3+}被氧化为Ce^{4+}，再通过C过程，Ce^{4+}被还原为Ce^{3+}，Br^-再生，系统中$[Br^-]$不断增大，达到其临界值时又启动A过程，周而复始形成振荡。

反应系统中$[Br^-]$和$[Ce^{3+}]/[Ce^{4+}]$随时间周期性变化，由于水溶液中Ce^{4+}呈黄色，Ce^{3+}呈无色，因此反应就在黄色和无色之间振荡。

如果在上述溶液中加入适量的邻菲罗啉亚铁离子溶液，那么反应液就会在蓝色与红色之间振荡。这是由于亚铁离子与邻菲罗啉会形成络合离子，它和铈离子一起对该振荡反应起催化作用,$[Fe(phen)_3^{2+}]/[Fe(phen)_3^{3+}]$也随时间周期性变化。

由上述可见,产生化学振荡需满足3个条件:

①反应必须远离平衡态。化学振荡只有在远离平衡态,具有很大的不可逆程度时才能发生。在封闭体系中,振荡是衰减的,在敞开体系中,可以长期持续振荡。

②反应历程中应包含有自催化的步骤。产物之所以能加速反应,因为是自催化反应,如过程A中的产物$HBrO_2$同时又是反应物。

③体系必须有两个稳态存在,即具有双稳定性。

化学振荡体系的振荡现象可以通过多种方法观察到,如观察溶液颜色的变化,测定吸光度随时间的变化,测定电势随时间的变化等。

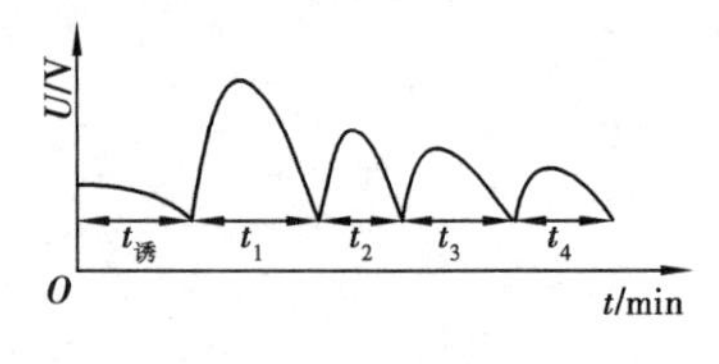

图2.26　U-t 曲线

本实验通过测定离子选择性电极上的电势(E)随时间(t)变化的U-t曲线来观察B-Z反应的振荡现象(图2.26),同时测定不同温度对振荡反应的影响。

由系列温度下的U-t曲线,可以得到系列诱导期($t_{诱}$)和振荡周期($t_1, t_2, \cdots$)数据。

根据式(1)和式(2),以$\ln \frac{1}{t}$对$\frac{1}{T}$作图,可得一直线,由直线斜率可以计算出表观活化能$E_{诱}$和$E_{振}$。

$$\ln \frac{1}{t_{诱}} = -\frac{E_{诱}}{RT} + C \qquad (1)$$

$$\ln \frac{1}{t_{振}} = -\frac{E_{振}}{RT} + C \qquad (2)$$

2.17.3　仪器和试剂

台式记录仪,超级恒温槽,硫酸亚汞电极,铂电极,恒温反应器(1只),量筒(50 mL、10 mL各1只),烧杯(1 000 mL,1只;100 mL,50 mL,各2只),滴管(2只),台称,电炉,丙二酸,硝酸铈铵,溴酸钾,硫酸,硫酸亚铁,邻菲罗啉等。

2.17.4　实验步骤

1)观察化学振荡现象

(1)溶液的配制

A液:称取3 g丙二酸置于100 mL烧杯中,注入47 mL去离子水,搅拌溶解后,加入3 mL浓硫酸,然后加入0.2 g硝酸铈铵,搅拌溶解。

B液:称取2.5 g溴酸钾于100 mL烧杯中,注入50 mL去离子水,搅拌并稍稍加热溶解。

邻菲罗啉亚铁溶液配制:称取0.35 g硫酸亚铁,0.2 g邻菲罗啉于50 mL烧杯中,加入50 mL去离子水,搅拌溶解。(此溶液配好后可供公用)

(2)观察现象

用量筒分别量取10 mL A液与10 mL B液倒入50 mL烧杯中混匀静置,待一会儿可看到溶液颜色由无色变黄色,又从黄色变无色,周期约1 min。

在上述溶液中，再加入10滴邻菲罗啉亚铁溶液指示剂，可以看到溶液颜色在红色与蓝色之间周期性变化。

在上述溶液中再加入2.5 mL邻菲罗啉亚铁溶液指示剂，充分搅拌后倒入培养皿中，将培养皿水平置于桌子上，下衬一白纸，可以观察到培养皿中溶液先呈红色，片刻后出现蓝点，并成圆环渐渐扩大，形成各种图案。

2）测定B-Z反应的振荡诱导期、周期和寿命

①配制溶液。配制0.45 mol/L丙二酸溶液100 mL，0.25 mol/L溴酸钾溶液100 mL，3.00 mol/L硫酸溶液100 mL，4×10^{-3} mol/L的硫酸铈铵溶液100 mL。

②如图2.27所示连接好仪器，打开超级恒温槽，将温度调节到(25.0±0.1)℃。

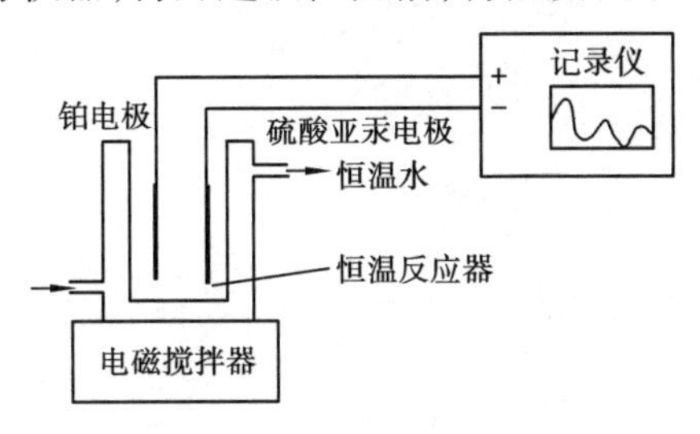

图2.27　实验装置

③在恒温反应器中加入已配好的丙二酸溶液10 mL，溴酸钾溶液10 mL，硫酸溶液10 mL，恒温10 min后加入硫酸铈铵溶液10 mL，观察溶液的颜色变化，同时记录相应的电势-时间曲线。

④用上述方法依次改变反应温度为30，35，40，45 ℃，重复上述实验。

2.17.5　数据处理

①化学振荡现象的定性观察。用表记录溶液从黄色变无色和从红色变蓝色的周期。

②从U-t曲线中得到诱导期和第一、二振荡周期。

③根据$t_{诱}$，$t_{振}$与T的数据，作$\ln(1/t_{诱})-1/T$和$\ln(1/t_{振})-1/T$图，由直线的斜率求出表观活化能$E_{诱}$，$E_{振}$。

2.17.6　注意事项

①实验所用试剂均需用不含Cl^-的去离子水配制，这是因为其中所含Cl^-会抑制振荡的发生。

②配制4×10^{-3} mol/L的硫酸铈铵溶液时，一定在0.20 mol/L硫酸介质中配制，防止发生水解呈混浊。

2.17.7　思考题

①B-Z反应为什么会出现化学振荡现象？

②振荡反应的诱导期、周期与寿命和哪些因素有关？

③为什么B-Z反应有诱导期？

2.17.8 延伸阅读

①本实验是在一个封闭体系中进行的,所以振荡波逐渐衰减。若把实验放在敞开体系中进行,则振荡波可以持续不断地进行,并且周期和振幅保持不变。

②振荡体系有许多类型,除化学振荡还有液膜振荡、生物振荡、萃取振荡等。表面活性剂在穿越油水界面自发扩散时,经常伴随有液膜(界面)物理性质的周期变化,这种周期变化称为液膜振荡。生物振荡现象在生物中很常见,如在新陈代谢过程中占重要地位的糖酵解反应中,许多中间化合物和酶的浓度是随时间周期性变化的。通过葡萄糖对化学振荡反应影响的研究可以检验糖尿病的尿液,就是其中的一个应用实例。

第3章

基本测量原理与技术

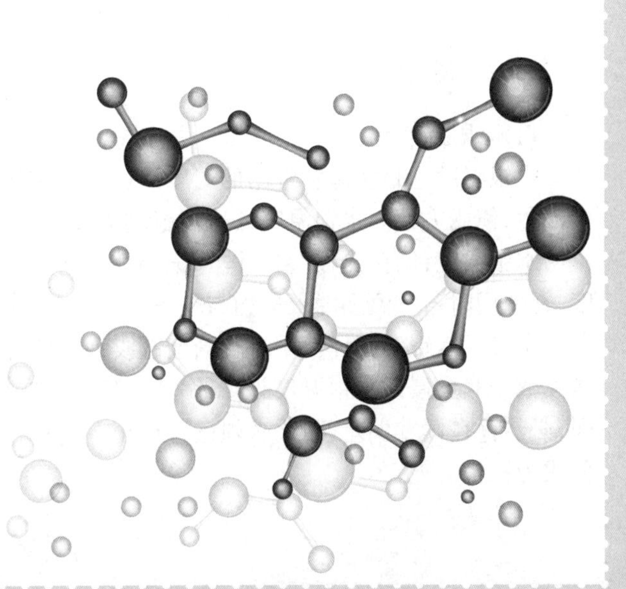

3.1 温度的测量与控制

温度是表征体系中物质内部大量分子、原子平均动能的一个宏观物理量。物体内部分子、原子平均动能的增加或减少,表现为物体温度的升高或降低。物质的物理化学特性都与温度有密切的关系。温度是确定物体状态的一个基本参量,因此准确测量和控制温度是物理化学实验的重要内容。

热力学第零定律是测量温度的依据,即两个互为热平衡系统的温度相等。

温度的测量值与温标的选择有关。

3.1.1 温标

温标是温度数值的标度方法,如摄氏温标、华氏温标等。选择不同的温度计、固定点以及将固定点规定不同的数值,就产生了不同的温标。如摄氏温标选择水银温度计,以 1 个标准大气压下水的冰点(0 ℃)和沸点(100 ℃)为两个定点,定点间分为 100 等份,每一份为 1 ℃。华氏温标也选用水银温度计,以 1 个标准大气压下水的冰点(32 F)和沸点(212 F)为两个定点,定点间分为 180 等份,每一份为 1 F。

实际上,一般所用物质的某种特性与温度之间并非严格地呈线性关系,因此用不同物质做的温度计测量同一物体时,所显示的温度往往不完全相同。

鉴于上述缺点,1848 年开尔文(Kelvin)提出热力学温标。热力学温标用单一固定点定义,规定“热力学温度单位开[尔文](K)是水三相点热力学温度的 1/273.16”。水的三相点热力学温度为 273.16 K。热力学温标与通常习惯使用的摄氏温度分度值相同,只是差一个常数:

$$T = (273.15 + t)℃$$

3.1.2 温度计

1)水银温度计

水银温度计是实验室常用的温度计。它的结构简单,价格低廉,具有较高的精确度,可直接读数,使用方便。水银温度计适用范围为 238.15~633.15 K。

水银温度计有“全浸”和“非全浸”两种。非全浸式水银温度计常刻有校正时浸入量的刻度,在使用时若室温和浸入量均与校正时一致,所示温度是正确的。

全浸式水银温度计使用时应当全部浸入被测体系中,如图 3.1(a)所示,达到热平衡后才能读数。非全浸式水银温度计如不能全部浸没在被测体系中,则因露出部分与体系温度不同,必然存在读数误差,因此必须进行校正。这种校正称为露茎校正。如图 3.1(b)所示,校正公式为:

$$\Delta t = \frac{kn}{1 - kn}(t_{测} - t_{环})$$

式中　Δt——读数校正值；

$t_{实}$——温度的正确值；

$t_{测}$——温度计的读数值；

$t_{环}$——露出待测体系外水银柱的有效温度（从放置在露出一半位置处的另一支辅助温度计读出）；

n——露出待测体系外部的水银柱长度，称为露茎高度，以温度差值表示。k 是水银对于玻璃的膨胀系数，使用摄氏度时，$k=0.000\ 16$，上式中 $kn \ll 1$，所以 $\Delta t \approx kn(t_{测}-t_{环})$。

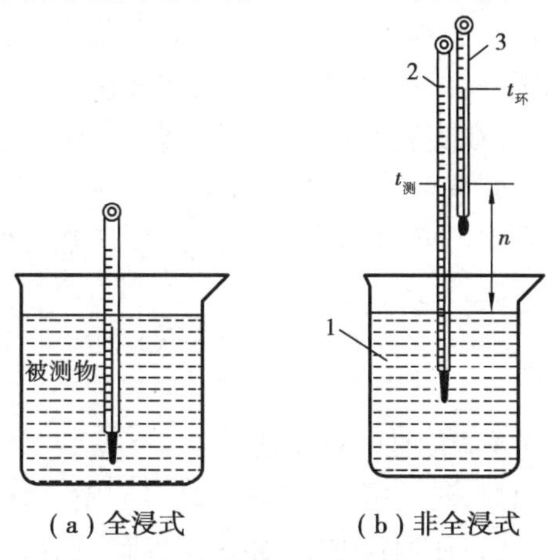

（a）全浸式　　（b）非全浸式

图3.1　水银温度计

1—被测体系；2—测量温度计；3—辅助温度计

2）贝克曼温度计

贝克曼（Beckmann）温度计是用于测量温差的仪器，而不能测量绝对温度，其构造如图3.2所示，它由水银球、刻度尺、毛细管、储汞槽、温度标尺等构成。水银球与储汞槽由均匀的毛细管连接，其中除水银外是真空。储汞槽用来调节水银球内的水银量。

贝克曼温度计的主要特点是：刻度精细，一般最小刻度为0.01 ℃，用放大镜可以读准到0.002 ℃，测量精度较高；量程短，一般只有5~6 ℃量程；水银球1中的水银量可调节，可以在不同范围内使用；水银柱的刻度值不是温度的绝对值，只是在量程范围内的温度变化值。

贝克曼温度计使用关键在于水银球中水银量的调节，下面介绍一种常用的调节方法——恒温水浴法。

（1）连接水银

为了调节不同的测温范围，就需要调节水银球中的水银量。首先将水银球与储汞槽的水银连起来。将贝克曼温度计倒立（水银球朝上），此时水银球内水银沿毛细管向下流动，与储汞槽的水银在图3.2中b处相连。然后慢慢正立，注意防止水银断开。有时若水银球中的水银不能自动流下，可用右手握住温度计中部，将温度计倒置，用左手轻敲右手手腕，此时水银球中的

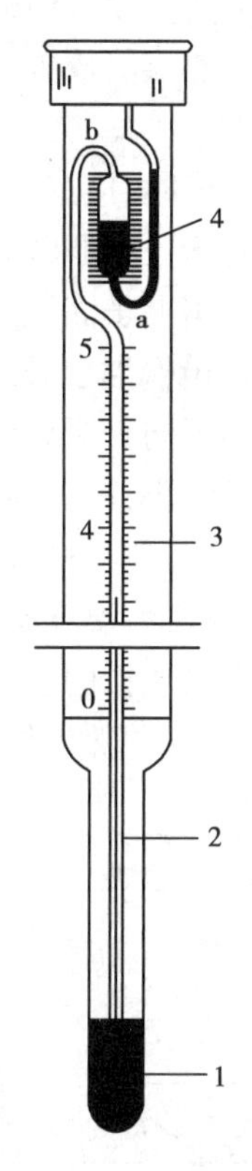

图3.2　贝克曼温度计

1—水银球；2—毛细管；
3—温度标尺；4—水银储槽
a—最高刻度；b—毛细管末端

水银可以流向储汞槽。

(2)调节水银球中的水银量

首先确定温度计刻度值最高值 a 到连接点 b 相当于温度计多少度，可用尺子测量 a 到 b 的距离，然后与刻度尺比较，其相当的温度值设为 R ℃。然后确定欲测定温度的起始点，设为 t。例如测量水的凝固点降低时，用一支量程为 5 ℃的贝克曼温度计，希望水的凝固点(0 ℃)在贝克曼温度计的标尺的 3 ℃附近。此时就需要把水银上下连接好的温度计置于一个温度为$(5-3+R)+0$ ℃的水浴中。恒温 5 min 以上，取出温度计，用左手握住温度计中部，使其垂直于地面，靠近胸部，用右手轻击左手背，水银柱即可在 b 处断开。当贝克曼温度计从恒温水浴中取出后，由于温度差异，水银柱会迅速上升，因此动作要快。

调节后，将贝克曼温度计放在实验温度 0 ℃的冰水中，观察温度计水银柱是否在所要求的刻度附近，如相差太大，再重新调节。

若实验过程中温度是上升的，如燃烧热的测定实验，调节过程相似。水浴的温度 t'的选择可以按照下式计算：

$$t' = t + R + (5 - x)$$

式中　t——实验温度；

　　x——温度为 t 时，贝克曼温度计的设定读数。

贝克曼温度计由薄玻璃组成，易被损坏，且含有较多的汞，因此使用时应小心：

①一般只能放置三处：安装在使用仪器上；放在温度计盒内；握在手中。不准随意放置在其他地方。

②调节时，应当注意防止骤冷或骤热，还应避免重击。

③对于已经调节好的温度计，注意不要使毛细管中水银再与 4 管中水银相连接。

④使用夹子固定温度计时，必须垫有橡胶垫，不能用铁夹直接夹温度计。

3)热电偶温度计

两种不同金属导体构成一个闭合线路，如果连接点温度不同，回路中将会产生一个与温差有关的电势，称为温差电势。这样的一对金属导体称为热电偶，可以利用其温差电势测定温度。温差电势可以用直流毫伏表、电位差计或数字电压表测量。热电偶是良好的温度变换器，可以直接将温度参数转换成电参量，可自动记录和实现复杂的数据处理、控制，这是水银温度计无法比拟的。热电偶根据材质可分为廉价金属、贵金属、难熔金属和非金属 4 种。表 3.1 列出了常用热电偶相关特性。

表 3.1　常用热电偶相关特性

材质及组成	分度号	使用范围/℃	备　注
铜-康铜($CuNi_{40}$)	T	-100~200	铜易氧化，宜在还原气氛下使用
镍铬-考铜($CuNi_{44}$)	(EA-2)	0~600	热电势大，是很好的低温热电偶，但负极易氧化
镍铬-镍硅	K(EU-2)	400~1 000	E-t 线性关系好，大于 500 ℃时要求氧化气氛
铂-铂铑$_{10}$	S(LB-3)	800~1 300	宜在氧化或中性气氛中使用

3.1.3　温度控制

物质的物理化学性质,如黏度、密度、蒸气压、表面张力、折光率等都随温度而改变,要测定这些性质必须在恒温条件下进行。一些物理化学常数如平衡常数、化学反应速率常数等也与温度有关,这些常数的测定也需恒温,因此,掌握恒温技术非常必要。

恒温控制可分为两类,一类是利用物质的相变点温度来获得恒温,但温度的选择受到很大限制;另一类是利用电子调节系统进行温度控制,此方法控温范围宽、可以任意调节设定温度。

恒温槽是实验工作中常用的一种以液体为介质的恒温装置,根据温度控制范围,可用以下液体介质:-60~30 ℃用乙醇或乙醇水溶液;0~90 ℃用水;80~160 ℃用甘油或甘油水溶液;70~300 ℃用液体石蜡、汽缸润滑油、硅油。

恒温槽是由浴槽、电接点温度计、继电器、加热器、搅拌器和温度计组成,具体装置示意图如图3.3所示。继电器必须和电接点温度计、加热器配套使用。电接点温度计是一支可以导电的特殊温度计,又称为导电表。图3.4是它的结构示意图。它有两个电极,一个固定与底部的水银球相连,另一个可调电极4是金属丝,由上部伸入毛细管内。顶端有一磁铁,可以旋转螺旋丝杆,用以调节金属丝的高低位置,从而调节设定温度。当温度升高时,毛细管中水银柱上升与一金属丝接触,两电极导通,使继电器线圈中电流断开,加热器停止加热;当温度降低时,水银柱与金属丝断开,继电器线圈通过电流,使加热器线路接通,温度又回升。如此不断反复,使恒温槽控制在一个微小的温度区间波动,被测体系的温度也就限制在一个相应的微小区间内,从而达到恒温的目的。

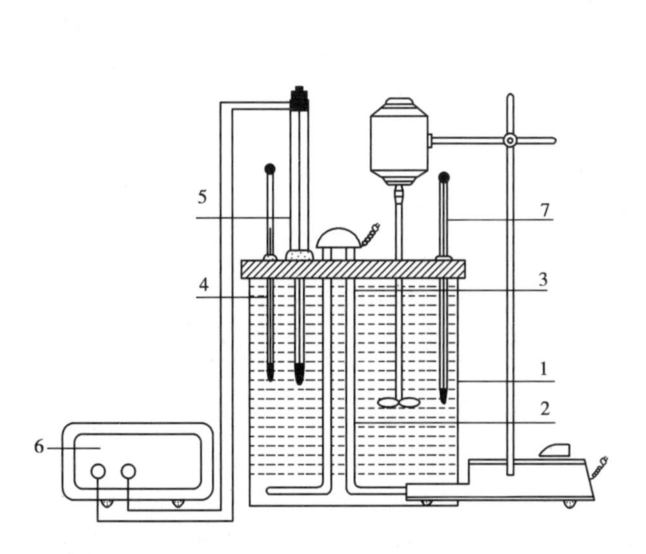

图3.3　恒温槽的装置示意图

1—浴槽;2—加热器;3—搅拌器;4—温度计;
5—电接点温度计;6—继电器;7—贝克曼温度计

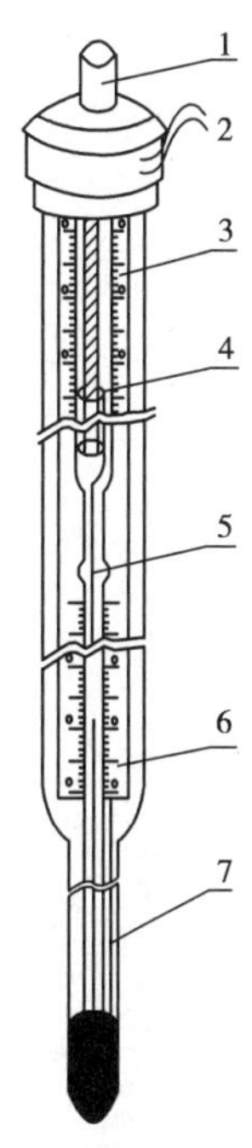

图3.4　电接点温度计

1—磁性螺旋调节器;2—电极引出线;
3—指示螺母;4—可调电极;
5—上标尺;6—下标尺

恒温槽的温度控制装置属于“通”“断”类型，当加热器接通后，恒温介质温度上升，热量的传递使水银温度计中的水银柱上升。但热量的传递需要时间，因此常出现温度传递的滞后，往往是加热器附近介质的温度超过设定温度，所以恒温槽的温度超过设定温度。同理，降温时也会出现滞后现象。由此可知，恒温槽控制的温度有一个波动范围，并不是控制在某一固定不变的温度。控温效果可以用灵敏度 Δt 表示：

$$\Delta t = \pm \frac{t_1 - t_2}{2}$$

式中 t_1——恒温过程中水浴的最高温度；

t_2——恒温过程中水浴的最低温度。

3.2 气体压力的测量

压力是用来描述体系状态的一个重要参数。许多物理、化学性质,例如熔点、沸点、蒸气压几乎都与压力有关。

3.2.1 压力单位

压力是指均匀垂直作用于单位面积上的力,也可把它叫作压力强度,或简称压强。国际单位制(SI)用帕[斯卡]作为通用的压力单位,以 Pa 或帕表示。当作用于 1 m^2(平方米)面积上的力为 1 N(牛[顿])时就是 1 Pa(帕[斯卡]),即牛每平方米(N/m^2)。

历史上常用的如下单位与其关系如下:

①标准大气压(atm):1 atm = 101 325 Pa。

②毫米汞柱(mmHg):1 mmHg = 133.322 Pa。

③巴(bar)。

巴是气象学上广泛应用的压力单位,1 bar = 10^5Pa。

除了所用单位不同之外,压力还可用绝对压力、表压和真空度来表示。在压力高于大气压的时候:

$$绝对压 = 大气压 + 表压或表压 = 绝对压 - 大气压$$

在压力低于大气压的时候:

$$绝对压 = 大气压 - 真空度$$

$$或真空度 = 大气压 - 绝对压$$

几个量之间的关系如图 3.5 所示。

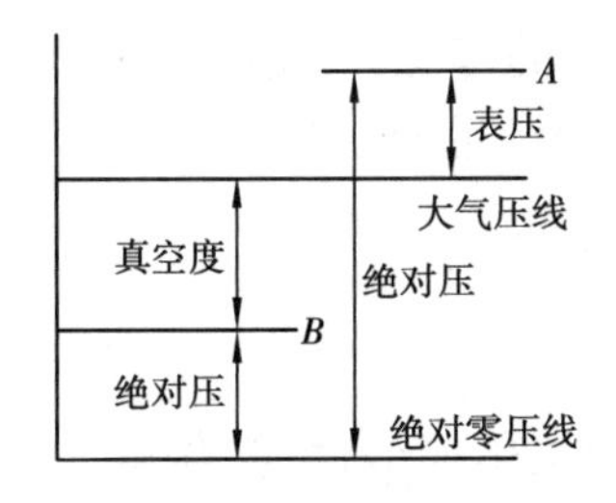

图 3.5 绝对压、表压与真空度的关系

3.2.2 常用测压仪表

1) 液柱式压力计

液柱式压力计是物理化学实验中用得最多的压力计。它构造简单、使用方便,能测量微小压力差,测量准确度比较高,且制作容易,价格低廉,但是测量范围不大,示值与工作液密度有关。它的结构不牢固,耐压程度较差。现简单介绍一下 U 形压力计。

液柱式 U 形压力计由两端开口的垂直 U 形玻璃管及垂直放置的刻度标尺所构成。管

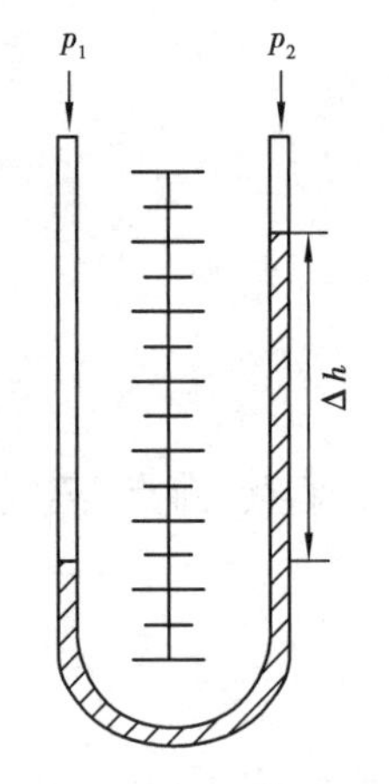

图 3.6 U 形压力计

内下部盛有适量工作液体作为指示液。图 3.6 中 U 形管的两支管分别连接于两个测压口。因为气体的密度远小于工作液的密度，因此，由液面差 Δh 及工作液的密度 ρ、重力加速度 g 可以得到：

$$p_1 = p_2 + \Delta h \cdot \rho g \qquad \text{或} \qquad \Delta h = \frac{p_1 - p_2}{\rho g}$$

U 形压力计可用来测量两气体压力差；气体的表压（p_1为测量气压，p_2为大气压）；气体的绝对压力（令 p_2为真空，p_1所示即为绝对压力）；气体的真空度（p_1通大气，p_2为负压，可测其真空度）。

2）数字式低真空压力测试仪

数字式低真空压力测试仪是运用压阻式压力传感器原理测定实验系统与大气压之间压差的仪器。它可取代传统的 U 形水银压力计，无汞污染现象，对环境保护和人类健康有极大的好处。该仪器的测压接口在仪器后的面板上。使用时，先将仪器按要求连接在实验系统上（注意实验系统不能漏气），再打开电源预热 10 min；然后选择测量单位，调节旋钮，使数字显示为零；最后开动真空泵，仪器上显示的数字即为实验系统与大气压之间的压差值。

3.2.3 气压计

测量环境大气压力的仪器称为气压计。气压计的种类很多，实验室常用的是福廷式气压计，其构造如图 3.7 所示。它的外部是一黄铜管，管的顶端有悬环，用以悬挂在实验室的适当位置。气压计内部是一根一端封闭的装有水银的长玻璃管。玻璃管封闭的一端向上，管中汞面的上部为真空，管下端插在水银槽内。水银槽底部是一羚羊皮袋，下端由螺旋支持，转动此螺旋可调节槽内水银面的高低。水银槽的顶盖上有一倒置的象牙针，其针尖是黄铜标尺刻度的零点。此黄铜标尺上附有游标尺，转动游标调节螺旋，可使游标尺上下游动。

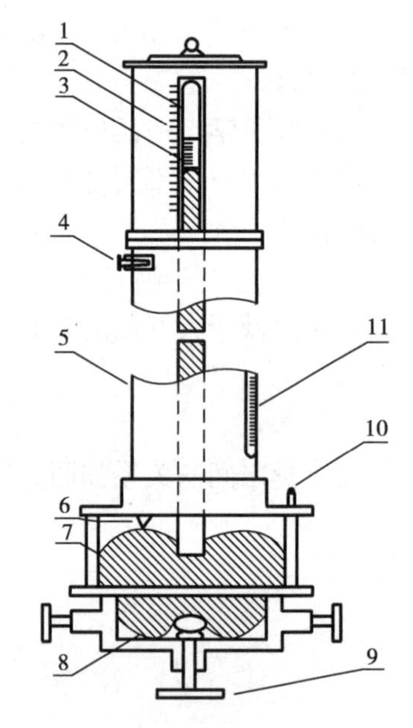

图 3.7 福廷式气压计

1—玻璃管；2—黄铜标尺；3—游标尺；4—调节螺栓；5—黄铜管；6—象牙针；7—汞槽；8—羚羊皮袋；9—调节汞面的螺栓；10—气孔；11—温度计

1）福廷式气压计的使用方法

（1）调节水银面高度

慢慢旋转螺旋，调节水银槽内水银面的高度，使槽内水银面升高。利用水银槽后面磁板的反光，注视水银面与象牙尖的空隙，直至水银面与象牙尖刚刚接触，然后用手轻轻扣一下铜管上面，使玻璃管上部水银面凸面正常。稍等几秒钟，待象牙针尖与水银面的接触无变动为止。

(2)调节游标尺

转动气压计旁的螺旋,使游标尺升起,并使下沿略高于水银面。然后慢慢调节游标,直到游标尺底边及其后边金属片的底边同时与水银面凸面顶端相切。这时观察者眼睛的位置应和游标尺前后两个底边的边缘在同一水平线上。

(3)读取汞柱高度

当游标尺的零线与黄铜标尺中某一刻度线恰好重合时,则黄铜标尺上该刻度的数值便是大气压值,无须使用游标尺。当游标尺的零线不与黄铜标尺上任何一刻度重合时,那么游标尺零线所对标尺上的刻度,则是大气压值的整数部分(mm)。再从游标尺上找出一根恰好与标尺上的刻度相重合的刻度线,则游标尺上刻度线的数值便是气压值的小数部分。

(4)整理工作

记下读数后,将气压计底部螺旋向下移动,使水银面离开象牙针尖。记下气压计的温度及所附卡片上气压计的仪器误差值,然后进行校正。

2)气压计读数的校正

水银气压计的刻度是以温度为0 ℃,纬度为45°的海平面高度为标准的。若不符合上述规定时,从气压计上直接读出的数值除进行仪器误差校正外,在精密的工作中还必须进行温度、纬度及海拔高度的校正。

(1)仪器误差的校正

由于仪器本身制造的不精确而造成读数上的误差称“仪器误差”。仪器出厂时都附有仪器误差的校正卡片,应首先加上此项校正。

(2)温度影响的校正

由于温度的改变,水银密度也随之改变,因而会影响水银柱的高度。同时由于铜管本身的热胀冷缩,也会影响刻度的准确性。当温度升高时,前者引起偏高,后者引起偏低。由于水银的膨胀系数较铜管的大,因此当温度高于0 ℃时,经仪器校正后的气压值应减去温度校正值;当温度低于0 ℃时,要加上温度校正值。气压计的温度校正公式见表3.2。

表3.2 气压计读数的温度校正值

温度/℃	压力观测值 p				
	740 mmHg	750 mmHg	760 mmHg	770 mmHg	780 mmHg
1	0.12	0.12	0.12	0.13	0.13
2	0.24	0.25	0.25	0.25	0.15
3	0.36	0.37	0.37	0.38	0.38
4	0.48	0.49	0.50	0.50	0.51
5	0.60	0.61	0.62	0.63	0.64
6	0.72	0.73	0.74	0.75	0.76
7	0.85	0.86	0.87	0.88	0.89
8	0.97	0.98	0.99	1.01	1.02
9	1.09	1.10	1.12	1.13	1.15

续表

温度/℃	压力观测值 p				
	740 mmHg	750 mmHg	760 mmHg	770 mmHg	780 mmHg
10	1.21	1.22	1.24	1.26	1.27
11	1.33	1.35	1.36	1.38	1.40
12	1.45	1.47	1.49	1.51	1.53
13	1.57	1.59	1.61	1.63	1.65
14	1.69	1.71	1.73	1.76	1.78
15	1.81	1.83	1.86	1.88	1.91
16	1.93	1.96	1.98	2.01	2.03
17	2.05	2.08	2.10	2.13	2.16
18	2.17	2.20	2.23	2.26	2.29
19	2.29	2.32	2.35	2.38	2.41
20	2.41	2.44	2.47	2.51	2.54
21	2.53	2.56	2.60	2.63	2.67
22	2.65	2.69	2.72	2.76	2.79
23	2.77	2.81	2.84	2.88	2.92
24	2.89	2.93	2.97	3.01	3.05
25	3.01	3.05	3.09	3.13	3.17
26	3.13	3.17	3.21	3.26	3.30
27	3.25	3.29	3.34	3.38	3.42
28	3.37	3.41	3.46	3.51	3.55
29	3.49	3.54	3.58	3.63	3.68
30	3.61	3.66	3.71	3.75	3.80
31	3.73	3.78	3.83	3.88	3.93
32	3.85	3.90	3.95	4.00	4.05
33	3.97	4.02	4.07	4.13	4.18
34	4.09	4.14	4.20	4.25	4.31
35	4.21	4.26	4.32	4.38	4.43

$$p_0 = \frac{1 + \beta t}{1 + \alpha t} p = p - p \frac{\alpha - \beta}{1 + \alpha t} t$$

式中　p——气压计读数,mmHg;

t——气压计的温度,℃;

α——水银柱为0~35 ℃的平均体膨胀系数(α=0.000 181 8);

β——黄铜的线膨胀系数(β=0.000 018 4);

p_0——读数校正到0 ℃时的气压值,mmHg。

显然,温度校正值即为 $p \frac{\alpha-\beta}{1+\alpha t}$。其数值列有数据表,实际校正时,读取 p,t 后可查表求得。气压计读数的温度校正值见表3.2。

(3)海拔高度及纬度的校正(重力校正)

重力加速度 g 随海拔高度及纬度不同而异,致使水银的重量受到影响,从而导致气压计读数的误差。其校正办法是:经温度校正后的气压值再乘以($1-2.6\times10^{-3}\cos 2\lambda-3.14\times10^{-7}H$)。式中,$\lambda$ 为气压计所在地纬度,(°);H 为气压计所在地海拔高度,m。

纬度高于45°的地方加上校正值,低于45°的地方则减去校正值。

(4)其他校正

如水银蒸气压的校正、毛细管效应的校正等,因校正值极小,一般都不考虑。

3.2.4　真空的获得

真空是指压力小于一个大气压的气态空间。真空状态下气体的稀薄程度,常以压强值表示,习惯上称作真空度。不同的真空状态意味着该空间具有不同的分子密度。

在现行的国际单位制(SI)中,真空度的单位与压强的单位均为帕[斯卡](Pa)。

在物理化学实验中,通常按真空度的获得和测量方法的不同,将真空区域划分为:粗真空(101 325~1 333 Pa);低真空(1 333~0.133 3 Pa);高真空(0.133 3~1.333×10^{-6} Pa);超高真空(<1.333×10^{-6} Pa)。为了获得真空,就必须设法将气体分子从容器中抽出。凡是能从容器中抽出气体,使气体压力降低的装置,均可称为真空泵,如水流泵、机械真空泵、油泵、扩散泵、吸附泵、钛泵等。

3.3 电学测量技术与仪器

电学测量技术在物理化学实验中占有很重要的地位,常用来测量电解质溶液的电导、原电池电动势等参量。作为基础实验,主要介绍传统的电化学测量与研究方法,对于目前利用光、电、磁、声、辐射等非传统的电化学研究方法一般不予介绍。只有掌握了传统的基本方法,才有可能正确理解和运用近代电化学研究方法。

3.3.1 电导的测量及仪器

测量待测溶液电导的方法称为电导分析法。电导是电阻的倒数,因此电导值的测量,实际上是通过电阻值的测量再换算的。也就是说,电导的测量方法应该与电阻的测量方法相同。但在溶液电导的测定过程中,当电流通过电极时,由于离子在电极上会发生放电,产生极化引起误差,故测量电导时要使用频率足够高的交流电,以防止电解产物的产生。另外,所用的电极镀铂黑是为了减少超电位,提高测量结果的准确性。

3.3.2 原电池电动势的测量及仪器

原电池电动势一般用直流电位差计并配以饱和式标准电池和检流计来测量。电位差计可分为高阻型和低阻型两类,使用时可根据待测系统的不同选用不同类型的电位差计。通常,高电阻系统选用高阻型电位差计,低电阻系统选用低阻型电位差计。但不管电位差计的类型如何,其测量原理都是一样的。电位差计是按照对消法测量原理而设计的一种平衡式电学测量装置,能直接给出待测电池的电动势值(以伏特表示)。

用对消法测量电动势时,有两个明显的优点:

①在两次平衡中检流计都指零,没有电流通过。也就是说,电位差计既不从标准电池中吸取能量,也不从被测电池中吸取能量,表明测量时没有改变被测对象的状态,因此在被测电池的内部就没有电压降,测得的结果是被测电池的电动势,而不是端电压。

②被测电动势 E_X 的值是由标准电池电动势 E_N 和电阻 R_N,R_X 来决定的。由于标准电池的电动势的值十分准确,并且具有高度的稳定性,而电阻元件也可以制造得具有很高的准确度,所以当检流计的灵敏度很高时,用电位差计测量的准确度就非常高。

3.3.3 溶液 pH 的测量及仪器

酸度计是用来测定溶液 pH 值的最常用仪器之一,其优点是使用方便、测量迅速,主要由参比电极、指示电极和测量系统 3 部分组成。参比电极常用的是饱和甘汞电极,指示电极则通常是一支对 H^+ 具有特殊选择性的玻璃电极。组成的电池可表示为:

玻璃电极 | 待测溶液 ‖ 饱和甘汞电极

鉴于由玻璃电极组成的电池内阻很高,在常温时达几百兆欧,因此不能用普通的电位差计来测量电池的电动势。

3.3.4　其他配套仪器及设备

1)盐桥

当原电池存在两种电解质界面时,便产生一种称为液体接界电势的电动势,它会干扰电池电动势的测定。减小液体接界电势的办法常用盐桥。盐桥是在U形玻璃管中灌满盐桥溶液,用捻紧的滤纸塞紧管两端,把管插入两个互相不接触的溶液,使其导通。

一般盐桥溶液用正、负离子迁移速率都接近于0.5的饱和盐溶液,比如饱和氯化钾溶液等。这样,当饱和盐溶液与另一种较稀溶液相接界时,主要是盐桥溶液向稀溶液扩散,从而减小了液接电势。应注意盐桥溶液不能与两端电池溶液产生反应。如果实验中使用硝酸银溶液,则盐桥溶液就不能用氯化钾溶液,而选择硝酸铵溶液较为合适,因为硝酸铵中正、负离子的迁移速率比较接近。

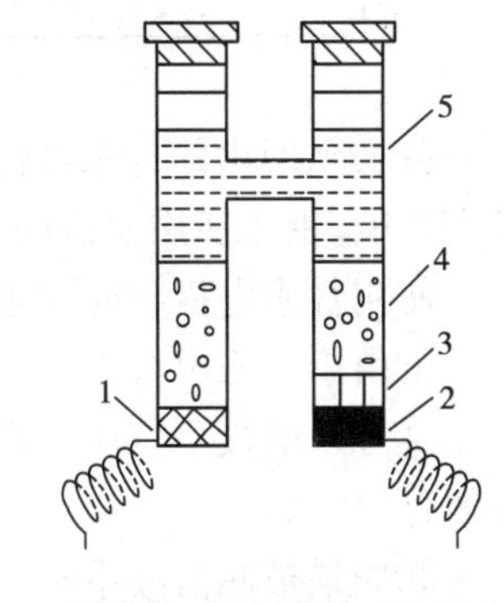

图3.8　标准电池

1—含Cd 12.5%的镉汞齐;2—汞;
3—硫酸亚汞的糊状物;
4—硫酸镉晶体;
5—硫酸镉饱和溶液

2)标准电池

标准电池是电化学实验中基本校验仪器之一,其构造如图3.8所示。电池由一H形管构成,负极为含镉12.5%的镉汞齐,正极为汞和硫酸亚汞的糊状物,两极之间盛以硫酸镉的饱和溶液,管的顶端加以密封。电池反应如下:

负极:$Cd(汞齐) \longrightarrow Cd^{2+} + 2e^-$

正极:$Hg_2SO_4(s) + 2e^- \longrightarrow 2Hg(l) + SO_4^{2-}$

电池反应:$Cd(汞齐) + Hg_2SO_4(s) + \frac{8}{3}H_2O = 2Hg(l) + CdSO_4 \cdot \frac{8}{3}H_2O$

标准电池的电动势很稳定,重现性好,20 ℃时$E_0 = 1.018\ 6$ V,其他温度下E_t为:

$$E_t = E_0 - 4.06 \times 10^{-5}(t - 20) - 9.5 \times 10^{-7}(t - 20)^2$$

3)常用电极

(1)甘汞电极

甘汞电极是实验室中常用的参比电极。它具有装置简单、可逆性高、制作方便、电势稳定等优点,其构造形状很多。但不管哪一种形状,在玻璃容器的底部皆装入少量的汞,然后装汞和甘汞的糊状物,再注入氯化钾溶液,将作为导体的铂丝插入,即构成甘汞电极。甘汞电极表示形式如下:

$$Hg\text{-}Hg_2Cl_2(s) \mid KCl(a)$$

电极反应为:

$$Hg_2Cl_2(s) + 2e^- \longrightarrow 2Hg(l) + 2Cl^-(a_{Cl^-})$$

$$f_{甘汞} = f'_{甘汞} - \frac{RT}{F}\ln a_{Cl^-}$$

可见甘汞电极的电势随Cl^-活度的不同而改变。不同氯化钾溶液浓度的f甘汞与温度的关系见表3.3。

表 3.3　不同氯化钾溶液浓度的$f_{甘汞}$与温度的关系

氯化钾溶液浓度/(mol·L^{-1})	电极电势$f_{甘汞}$/V
饱和	$0.241\ 2-7.6\times10^{-4}(t-25)$
1.0	$0.280\ 1-2.4\times10^{-4}(t-25)$
0.1	$0.333\ 7-7.0\times10^{-5}(t-25)$

各文献列出的甘汞电极的电势数据常不相符合,这是因为接界电势的变化对甘汞电极电势有影响,由于所用盐桥的介质不同,而影响甘汞电极电势的数据。

使用甘汞电极时应注意:

①由于甘汞电极在高温时不稳定,故甘汞电极一般适用于 70 ℃以下的测量。

②甘汞电极不宜用在强酸、强碱性溶液中,因为此时的液体接界电位较大,而且甘汞可能被氧化。

③如果被测溶液中不允许含有 Cl^-,应避免直接插入甘汞电极。应注意甘汞电极的清洁,不得使灰尘或局外离子进入该电极内部。

④当电极内溶液太少时应及时补充。

(2)铂黑电极

铂黑电极是在铂片上镀一层颗粒较小的黑色金属铂所组成的电极,这是为了增大铂电极的表面积。

3.4　光学测量技术与仪器

光与物质相互作用可以产生各种光学现象(如光的折射、反射、散射、透射、吸收、旋光以及物质受激辐射等),通过分析研究这些光学现象,可以提供原子、分子及晶体结构等方面的大量信息。所以,物质的成分分析、结构测定及光化学反应等方面都离不开光学测量。下面介绍物理化学实验中常用的几种光学测量仪器。

3.4.1　阿贝折射仪

折射率是物质的重要物理常数之一。许多纯物质都具有一定的折射率,如果其中含有杂质则折射率将发生变化,出现偏差,杂质越多,偏差越大。因此通过折射率的测定,可以测定物质的浓度。

1)阿贝折射仪的构造原理

阿贝折射仪的外形图如图3.9所示。

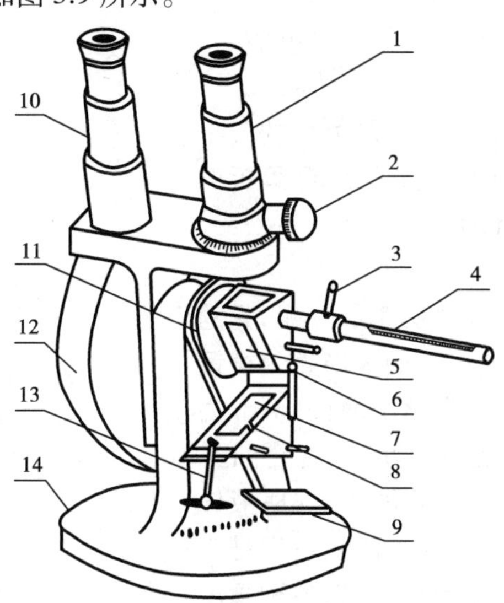

图3.9　阿贝折射仪外形图

1—测量望远镜;2—消散手柄;3—恒温水入口;4—温度计;5—测量棱镜;
6—铰链;7—辅助棱镜;8—加液槽;9—反射镜;10—读数望远镜;
11—转轴;12—刻度盘罩;13—闭合旋钮;14—底座

光的折射现象如图3.10所示。当一束单色光从介质A进入介质B(两种介质的密度不同)时,光线在通过界面时改变了方向,光的折射现象遵从折射定律:

$$\frac{\sin \alpha}{\sin \beta} = \frac{n_B}{n_A} = n_{A,B} \tag{1}$$

式中　α——入射角;

β——折射角；

n_A,n_B——交界面两侧两种介质的折射率；

$n_{A,B}$——介质B对介质A的相对折射率。

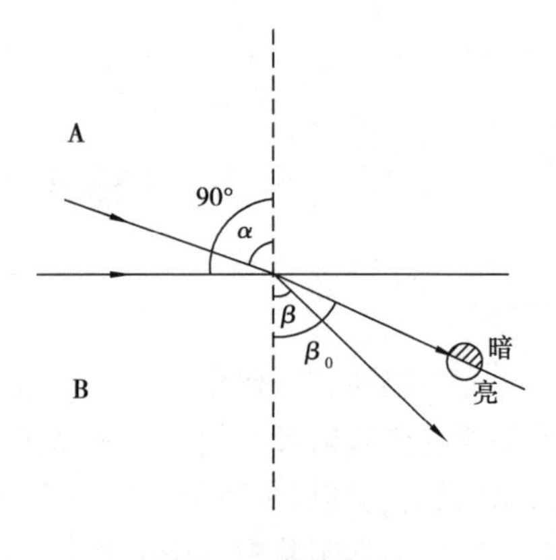

图3.10 光的折射

若介质A为真空，因规定 $n=1.0000$，故 $n_{A,B}=n_B$ 为绝对折射率。但介质A通常为空气，空气的绝对折射率为1.000 29，这样得到的各物质的折射率称为常用折射率，也称作对空气的相对折射率。同一物质两种折射率之间的关系为：

$$绝对折射率=常用折射率\times 1.00029$$

根据折射定律公式可知，当光线从一种折射率小的介质A射入折射率大的介质B时（$n_A<n_B$），入射角一定大于折射角（$\alpha>\beta$）。当入射角增大时，折射角也增大。设当入射角 $\alpha=90°$ 时，折射角为 β_0，将此折射角称为临界角。因此，当在两种介质的界面上以不同角度射入光线时（入射角 α 为0°~90°），光线经过折射率大的介质后，其折射角 $\beta\leqslant\beta_0$。其结果是大于临界角的部分无光线通过，成为暗区；小于临界角的部分有光线通过，成为亮区。临界角成为明暗分界线的位置，如图3.10所示。

根据式(1)可得：

$$n_A=n_B\frac{\sin\beta_0}{\sin\alpha}=n_B\sin\beta_0 \tag{2}$$

因此在固定一种介质时，临界折射角 β_0 的大小与被测物质的折射率是简单的函数关系，阿贝折射仪就是根据这个原理而设计的。

2)阿贝折射仪的结构

阿贝折射仪的光学示意图如图3.11所示，它的主要部分是由两个折射率为1.75的玻璃直角棱镜所构成。上部为测量棱镜，是光学平面镜，下部为辅助棱镜。其斜面是粗糙的毛玻璃，两者之间有0.1~0.15 mm的空隙，用于装待测液体，并使液体展开成一薄层。当从反射镜反射来的入射光进入辅助棱镜至粗糙表面时，产生漫散射，以各种角度透过待测液体，而从各个方向进入测量棱镜而发生折射。其折射角都落在临界角 β_0 之内，因为棱镜的折射率大于待测液体的折射率，因此入射角从0°~90°的光线都通过测量棱镜发生折射。具有临界角 β_0 的光线从测量棱镜出来反射到目镜上，此时若将目镜十字线调节到适当位置，则会看到目镜上呈半明半暗状态。折射光都应落在临界角 β_0 内，成为亮区，其他部分为暗区，构成了明暗分界线。

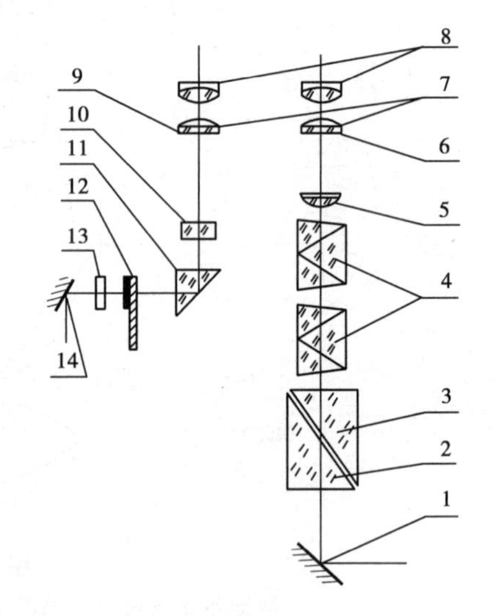

图3.11 阿贝折射仪光学系统示意图

1—反射镜；2—辅助棱镜；3—测量棱镜；4—消色散棱镜；5,10—物镜；6,9—分划板；7,8—目镜；11—转向棱镜；12—照明度盘；13—毛玻璃；14—小反光镜

根据式(2)可知,只要已知棱镜的折光率 n 棱,通过测定待测液体的临界角 β_0,就能求得待测液体的折射率 $n_{液}$。实际上,测定 β_0 值很不方便,当折射光从棱镜出来进入空气又产生折射,折射角为 β_0'。$n_{液}$ 与 β_0 之间的关系为:

$$n_{液} = \sin r\sqrt{n_{棱}^2 - \sin^2\beta_0} - \cos r \sin\beta_0 \tag{3}$$

式中　r——常数;

$n_{棱} = 1.75$。

测出 β_0' 即可求出 $n_{液}$。因为在设计折射仪时已将 β_0' 换算成 $n_{液}$ 值,故从折射仪的标尺上可直接读出液体的折射率。

在实际测量折射率时,使用的入射光不是单色光,而是使用由多种单色光组成的普通白光,因不同波长的光的折射率不同而产生色散,在目镜中看到一条彩色的光带,而没有清晰的明暗分界线。为此,在阿贝折射仪中安置了一套消色散棱镜(又叫补偿棱镜)。通过调节消色散棱镜,使测量棱镜出来的色散光线消失,明暗分界线清晰,此时测得的液体的折射率相当于用单色光钠光 D 线所测得的折射率 n_D。

3)阿贝折射仪的使用方法

(1)仪器安装

将阿贝折射仪安放在光亮处,但应避免阳光的直接照射,以免液体试样受热迅速蒸发。用超级恒温槽将恒温水通入棱镜夹套内,检查棱镜上温度计的读数是否符合要求[一般选用(20.0±0.1)℃或(25.0±0.1)℃]。

(2)加样

旋开测量棱镜和辅助棱镜的闭合旋钮,使辅助棱镜的磨砂斜面处于水平位置。若棱镜表面不清洁,可滴加少量丙酮,用擦镜纸顺单一方向轻擦镜面(不可来回擦)。待镜面洗净干燥后,用滴管滴加数滴试样于辅助棱镜的毛镜面上,迅速合上辅助棱镜,旋紧闭合旋钮。若液体易挥发,动作要迅速,或先将两棱镜闭合,然后用滴管从加液孔中注入试样(注意切勿将滴管折断在孔内)。

(3)调光

转动镜筒使之垂直,调节反射镜使入射光进入棱镜,同时调节目镜的焦距,使目镜中十字线清晰明亮。调节消色散补偿器使目镜中彩色光带消失。再调节读数螺旋,使明暗的界面恰好同十字线交叉处重合。

(4)读数

从读数望远镜中读出刻度盘上的折射率数值。常用的阿贝折射仪可读至小数点后的第4位,为了使读数准确,一般应将试样重复测量3次,每次相差不能超过0.000 2,然后取平均值。

4)阿贝折射仪的使用注意事项

阿贝折射仪是一种精密的光学仪器,使用时应注意以下5点:

①使用时要注意保护棱镜,清洗时只能用擦镜纸而不能用滤纸等。加试样时不能将滴管口触及镜面。对于酸碱等腐蚀性液体,不得使用阿贝折射仪。

②每次测定时,试样不可加得太多,一般只需加2~3滴即可。

③要注意保持仪器清洁,保护刻度盘。每次实验完毕,要在镜面上加几滴丙酮,并用擦镜纸擦干。最后用两层擦镜纸夹在两棱镜镜面之间,以免镜面损坏。

④读数时,有时在目镜中观察不到清晰的明暗分界线,而是畸形的,这是由于棱镜间未充满液体;若出现弧形光环,则可能是由于光线未经过棱镜而直接照射到聚光透镜上。

⑤若待测试样折射率不在 1.3~1.7 范围内,则阿贝折射仪不能测定,也看不到明暗分界线。

3.4.2 旋光仪

1)旋光现象、旋光度和比旋光度

一般光源发出的光,其光波在垂直于传播方向的一切方向上振动,这种光称为自然光,或称为非偏振光;只在一个方向上有振动的光称为平面偏振光。当一束平面偏振光通过某些物质时,其振动方向会发生改变,此时光的振动面旋转一定的角度,这种现象称为物质的旋光现象。这个角度称为旋光度,以 α 表示。物质的这种使偏振光的振动面旋转的性质叫作物质的旋光性。凡有旋光性的物质称为旋光物质。

偏振光通过旋光物质时,对着光的传播方向看,使偏振面向右(即顺时针方向)旋转的物质叫作右旋性物质;使偏振面向左(逆时针)旋转的物质叫作左旋性物质。

物质的旋光度是旋光物质的一种物理性质,除主要决定于物质的立体结构外,还因实验条件的不同而有很大的不同。因此,人们又提出"比旋光度"的概念作为量度物质旋光能力的标准。规定以钠光 D 线作为光源,温度为 293.15 K 时,一根 10 cm 长的样品管中装满。每立方厘米溶液中含有 1 g 旋光物质溶液后所产生的旋光度,称为该溶液的比旋光度,即

$$[\alpha]_t^{\mathrm{D}}=\frac{10\alpha}{LC}$$

式中 D——光源,通常为钠光 D 线;

t——实验温度;

α——旋光度;

L——液层厚度,cm;

C——被测物质的浓度(以每毫升溶液中含有样品的克数表示)。

为区别右旋和左旋,常在左旋光度前加"-"号。如蔗糖 $[\alpha]_t^{\mathrm{D}}=52.5°$ 表示蔗糖是右旋物质。而果糖的比旋光度为 $[\alpha]_t^{\mathrm{D}}=-91.9°$,表示果糖为左旋物质。

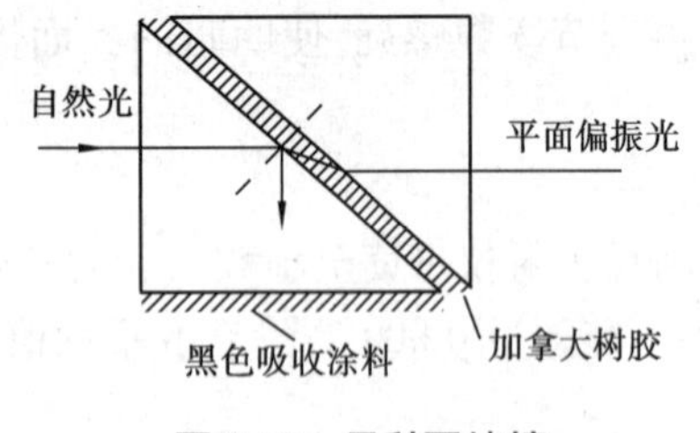

图 3.12 尼科耳棱镜

2)旋光仪的构造和测试原理

旋光度是由旋光仪进行测定的,旋光仪的主要元件是两块尼科耳棱镜。尼科耳棱镜是由两块方解石直角棱镜沿斜面用加拿大树脂黏合而成,如图 3.12 所示。当一束单色光照射到尼科耳棱镜时,分解为两束相互垂直的平面偏振光,即一束折射率为 1.658 的寻常光,一束折射率为 1.486 的非寻常光。这两束光线到达加拿大树脂黏合面时,折射率大的寻常光(加拿大树脂的折射率为1.550)被全反射到底面上的黑色涂层吸收,而折射率小的非寻常光则通过棱镜,这样就获得了一束单一的平面偏振光。用于产生平面偏振光的棱镜称为起偏镜,如让起偏镜产生的偏振光照射到另一个透射面与起偏镜透射面平行的尼科耳棱镜,则这束平面偏振光也能通过第二个棱镜。如果第二个棱镜的透射面与起偏镜的透射面垂直,则由起偏镜出来的偏振光完全不能通过第二个棱镜。如果第二个棱镜的透射面

与起偏镜的透射面之间的夹角 θ 为 $0°\sim90°$，则光线部分通过第二个棱镜，此第二个棱镜称为检偏镜。通过调节检偏镜，能使透过的光线强度在最强和零之间变化。如果在起偏镜与检偏镜之间放有旋光性物质，则由于物质的旋光作用，使来自起偏镜的光的偏振面改变了某一角度。只有检偏镜也旋转同样的角度，才能补偿旋光线改变的角度，使透过的光的强度与原来相同。旋光仪就是根据这种原理设计的。如图 3.13 所示。

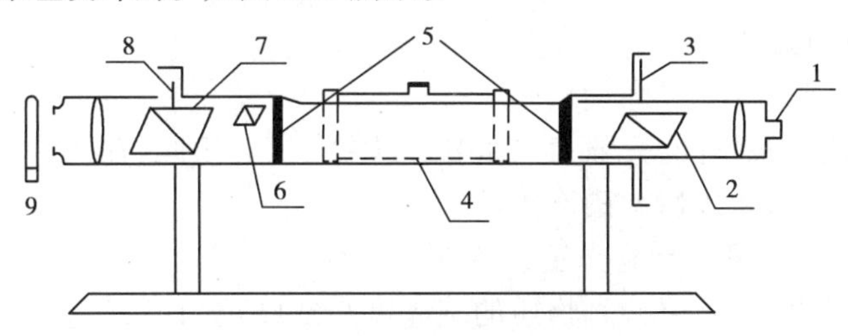

图 3.13 旋光仪构造示意图

1—目镜；2—检偏棱镜；3—圆形标尺；4—样品管；5—窗口；6—半暗角器件；
7—起偏棱镜；8—半暗角调节；9—灯

通过检偏镜用肉眼判断偏振光通过旋光物质前后的强度是否相同是十分困难的，这样会产生较大的误差，为此设计了一种在视野中分出三分视界的装置。其原理是：在起偏镜后放置一块狭长的石英片，由起偏镜透过来的偏振光通过石英片时，由于石英片的旋光性，使偏振旋转了一个角度 Φ，通过镜前观察，光的振动方向如图 3.14 所示。

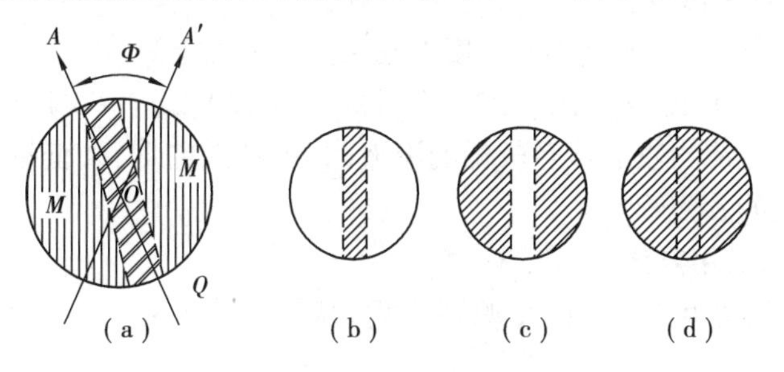

图 3.14 三分视野示意图

A 是通过起偏镜的偏振光的振动方向，A' 是又通过石英片旋转一个角度后的振动方向，此两偏振方向的夹角 Φ 称为半暗角（$\Phi=2°\sim3°$）。如果旋转检偏镜使透射光的偏振面与 A' 平行时，在视野中将观察到：中间狭长部分较明亮，而两旁较暗，这是由于两旁的偏振光不经过石英片，如图 3.14（c）所示。如果检偏镜的偏振面与起偏镜的偏振面平行（即在 A 的方向时），在视野中将是：中间狭长部分较暗而两旁较亮，如图 3.14（b）所示。当检偏镜的偏振面处于 $\Phi/2$ 时，两旁直接来自起偏镜的光偏振面被检偏镜旋转了 $\Phi/2$，而中间被石英片转过角度 Φ 的偏振面对被检偏镜旋转角度 $\Phi/2$，这样中间和两边的光偏振面都被旋转了 $\Phi/2$，故视野呈微暗状态，且三分视野内的暗度是相同的，如图 3.14（d）所示。将这一位置作为仪器的零点，在每次测定时调节检偏镜使三分视界的暗度相同，然后读数。

3）影响旋光度的因素

（1）浓度的影响

对于具有旋光性物质的溶液，当溶剂不具有旋光性时，旋光度与溶液浓度和溶液厚度成正比。

(2)温度的影响

温度升高会使旋光管膨胀而使长度加长,从而导致待测液体的密度降低。另外,温度变化还会使待测物质分子间发生缔合或离解,使旋光度发生改变。通常,温度对旋光度的影响可用下式表示:

$$[\alpha]_t^\lambda = [\alpha]_t^D + Z(t - 20)$$

式中　t——测定时的温度;

Z——温度系数。

不同物质的温度系数不同,一般为-(0.01~0.04)℃$^{-1}$。为此,在实验测定时必须恒温,旋光管上装有恒温夹套,与超级恒温槽连接。

(3)浓度和旋光管长度对比旋光度的影响

在一定的实验条件下,常将旋光物质的旋光度与浓度视为成正比,因为将比旋光度作为常数。而旋光度和溶液浓度之间并不是严格地呈线性关系,因此严格讲比旋光度并非常数。在精密的测定中,比旋光度和浓度间的关系可用下面的3个方程之一表示:

$$[\alpha]_t^\lambda = A + Bq$$

$$[\alpha]_t^\lambda = A + Bq + Cq^2$$

$$[\alpha]_t^\lambda = A + \frac{Bq}{C + q}$$

式中　q——溶液的百分浓度;

A,B,C——常数,可以通过不同浓度的几次测量来确定。

旋光度与旋光管的长度成正比。旋光管通常有10,20,22 cm 3种规格。经常使用的是10 cm长度。但对旋光能力较弱或者较稀的溶液,为提高准确度,降低读数的相对误差,需用20 cm或22 cm长度的旋光管。

4)圆盘旋光仪的使用方法

①打开钠光灯,稍等几分钟,待光源稳定后,从目镜中观察视野,如不清楚可调节目镜焦距。

②选用合适的样品管并洗净,充满蒸馏水(应无气泡),放入旋光仪的样品管槽中,调节检偏镜的角度使三分视野消失,读出刻度盘上的刻度并将此角度作为旋光仪的零点。

③零点确定后,将样品管中蒸馏水换为待测溶液,按同样方法测定,此时刻度盘上的读数与零点时读数之差即为该样品的旋光度。

3.4.3　分光光度计

物质中分子内部的运动可分为电子的运动、分子内原子的振动和分子自身的转动,因此具有电子能级、振动能级和转动能级。

当分子被光照射时,将吸收能量引起能级跃迁,即从基态能级跃迁到激发态能级。而三种能级跃迁所需能量是不同的,需用不同波长的电磁波去激发。电子能级跃迁所需的能量较大,一般为1~20 eV,吸收光谱主要处于紫外及可见光区,这种光谱称为紫外及可见光谱。如果用红外线(能量为0.025~1 eV)照射分子,此能量不足以引起电子能级的跃迁,而只能引发振动能级和转动能级的跃迁,得到的光谱为红外光谱。若以能量更低的远红外线(0.025~0.003 eV)照射分子,只能引起转动能级的跃迁,这种光谱称为远红外光谱。由于物质结构不同,对上述各能级跃迁所需能量都不一样,因此对光的吸收也就不一样,各种物质都有各自的吸收光带,因而就可以对不同物质进行鉴定分析,这是光度法进行定性分析的基础。

根据朗伯-比耳定律:当入射光波长、溶质、溶剂以及溶液的温度一定时,溶液的光密度和溶液层厚度及溶液的浓度成正比,若液层的厚度一定,则溶液的光密度只与溶液的浓度有关:

$$T = \frac{I}{I_0}$$

$$E = -\lg T = \lg \frac{1}{T} = elc$$

式中　c——溶液浓度;

E——某一单色波长下的光密度(又称吸光度);

I_0——入射光强度;

I—— 透射光强度;

T——透光率;

e——摩尔消光系数;

l——液层厚度。

在待测物质的厚度 l 一定时,吸光度与被测物质的浓度成正比,这就是光度法定量分析的依据。

附　录

物理化学实验常用数据表

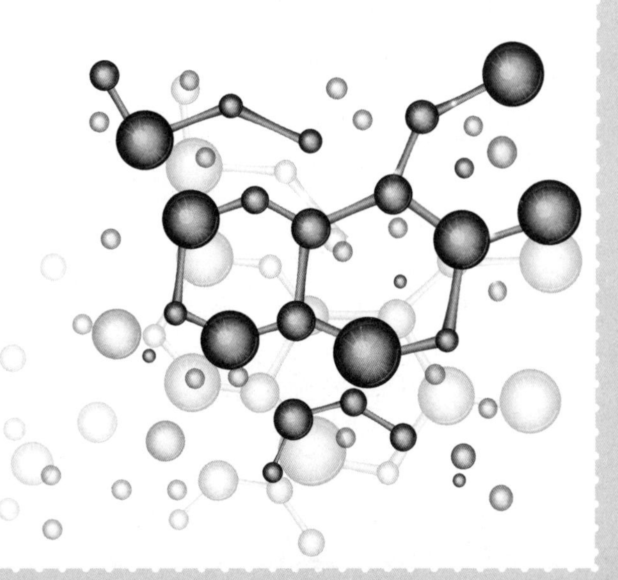

附表 1　本书未编入的一些常见的物理化学实验

实验名称	实验名称
恒温槽灵敏度的测定及设计恒温槽	电势-pH 曲线
反应热的测定	氯离子选择性电极的测试和应用
溶解热的测定	复杂反应丙酮碘化反应
差热分析	复相催化甲醇分解
差热-热重分析	计算机模拟基元反应
三组分体系等温相图的绘制	固液吸附法测定比表面
氨基甲酸铵分解反应平衡常数的测定	BET 法测定固体比表面积
液相反应平衡常数的测定	粒度分布测量
溶液偏摩尔体积的测定	黏度法测定高聚物的分子量
难溶盐的溶度积的测定	晶体结构分析 X 衍射粉末法
气相色谱法测定无限稀溶液的活度系数	偶极矩的测定

附表 2　国际单位制的基本单位

量	单位名称	单位符号
长度	米	m
质量	千克(公斤)	kg
时间	秒	s
电流	安[培]	A
热力学温度	开[尔文]	K
物质的量	摩[尔]	mol
光强度	坎[德拉]	cd

附表 3　国际单位制中具有专用名称的导出单位

量的名称	单位名称	单位符号	其他表示示例
频率	赫[兹]	Hz	s^{-1}
力	牛[顿]	N	$kg\cdot m/s^2$
压力、应力	帕[斯卡]	Pa	N/m^2
能[量]、功、热量	焦[耳]	J	N · m
电荷[量]	库[仑]	C	A · s
功率、辐[射能]通量	瓦[特]	W	J/s
电压、电动势、电位、(电势)	伏[特]	V	W/A
电容	法[拉]	F	C/V
电阻	欧[姆]	Ω	V/A
电导	西[门子]	S	Ω^{-1}
磁通[量]	韦[伯]	Wb	V · s
磁通[量]密度、磁感应强度	特[斯拉]	T	Wb/m^2
电感	亨[利]	H	Wb/A
摄氏温度	摄氏度	℃	K

附表 4　能量单位换算

尔格 (erg)	焦[耳] (J)	千克力米 (kgf · m)	千瓦 · 时 (kW · h)	千卡 (kcal)(国际蒸气表卡)	升大气压 (L · atm)
1	10^{-7}	0.102×10^{-7}	27.78×10^{-15}	23.9×10^{-12}	9.869×10^{-10}
10^{7}	1	0.102	277.8×10^{-9}	239×10^{-6}	9.869×10^{-3}
9.807×10^{7}	9.807	1	2.724×10^{-6}	2.342×10^{-3}	9.679×10^{-2}
36×10^{12}	3.6×10^{6}	367.1×10^{3}	1	859.845	3.553×10^{4}
41.87×10^{9}	4 186.8	426.935	1.163×10^{-3}	1	41.29
1.013×10^{9}	101.3	10.33	2.814×10^{-5}	0.024 218	1

注:1 erg = 1 dyn · cm,1 J = 1 N · m = 1 W · s,1 eV = 1.602×10^{-19} J;
1 国际蒸气表卡 = 1.000 67。

附表 5　力单位换算

牛顿(N)	千克力(kgf)	达因(dyn)
1	0.102	10^{5}
9.806 65	1	$9.806\ 65\times10^{5}$
10^{-5}	1.02×10^{-6}	1

附表 6　压力单位换算

帕[斯卡] (Pa)	工程大气压 (kgf/cm^2)	毫米水柱 (mmH_2O)	标准大气压 (atm)	毫米汞柱 (mmHg)
1	1.02×10^{-5}	0.102	0.99×10^{-5}	0.007 5
98 067	1	10^{4}	0.967 8	735.6
9.807	0.000 1	1	$0.967\ 8\times10^{-4}$	0.073 6
101 325	1.033	10 332	1	760
133.32	0.000 36	13.6	0.001 32	1

注：1 Pa = 1 N/m^2，1 工程大气压 = 1 kgf/cm^2；

1 mmHg = 1 Torr，标准大气压即物理大气压；

1 bar = 10^5 N/m^2。

附表 7　不同温度下水和乙醇的折射率*

t/℃	纯　水	99.8%乙醇	t/℃	纯　水	99.8%乙醇
14	1.333 48		34	1.331 36	1.354 74
15	1.333 41		36	1.331 07	1.353 90
16	1.333 33	1.362 10	38	1.330 79	1.353 06
18	1.333 17	1.361 29	40	1.330 51	1.352 22
20	1.332 99	1.360 48	42	1.330 23	1.351 38
22	1.332 81	1.359 67	44	1.329 92	1.350 54
24	1.332 62	1.358 85	46	1.329 59	1.349 69
26	1.332 41	1.358 03	48	1.329 27	1.348 85
28	1.332 19	1.357 21	50	1.328 94	1.348 00
30	1.331 92	1.356 39	52	1.328 60	1.347 15
32	1.331 64	1.355 57	54	1.328 27	1.346 29

注：* 相对于空气；钠光波长 589.3 nm。

附表 8　KCl 溶液的电导率*

t/℃	c/(mol·L^{-1})			
	1.000**	0.100 0	0.020 0	0.010 0
0	0.065 41	0.007 15	0.001 521	0.000 776
5	0.074 14	0.008 22	0.001 752	0.000 896
10	0.083 19	0.009 33	0.001 994	0.001 020
15	0.092 52	0.010 48	0.002 243	0.001 147
16	0.094 41	0.010 72	0.002 294	0.001 173
17	0.096 31	0.010 95	0.002 345	0.001 199
18	0.098 22	0.011 19	0.002 397	0.001 225
19	0.100 14	0.011 43	0.002 449	0.001 251
20	0.102 07	0.011 67	0.002 501	0.001 278
21	0.104 00	0.011 91	0.002 553	0.001 305
22	0.105 94	0.012 15	0.002 606	0.001 332
23	0.107 89	0.012 39	0.002 659	0.001 359
24	0.109 84	0.012 64	0.002 712	0.001 386
25	0.111 80	0.012 88	0.002 765	0.001 413
26	0.113 77	0.013 13	0.002 819	0.001 441
27	0.115 74	0.013 37	0.002 873	0.001 468
28		0.013 62	0.002 927	0.001 496
29		0.013 87	0.002 981	0.001 524
30		0.014 12	0.003 036	0.001 552
35		0.015 39	0.003 312	
36		0.015 64	0.003 368	

注：*电导率单位 S/cm；

**在空气中称取 74.56 g KCl，溶于 18 ℃水中，稀释到 1 L，其浓度为 1.000 mol/L（密度 1.044 9 g/cm^3），再稀释得其他浓度溶液。

附表 9　不同温度下水的饱和蒸气压

t/℃	0.0		0.2		0.4		0.6		0.8	
	mmHg	kPa	mmHg	kPa	mmHg	kPa	mmHg	kPa	mmHg	kPa
0	4.579	0.610 5	4.647	0.619 5	4.715	0.628 6	4.785	0.637 9	4.855	0.647 3
1	4.926	0.656 7	4.998	0.666 3	5.070	0.675 9	5.144	0.685 8	5.219	0.695 8
2	5.294	0.705 8	5.370	0.715 9	5.447	0.726 2	5.525	0.736 6	5.605	0.747 3
3	5.685	0.757 9	5.766	0.768 7	5.848	0.779 7	5.931	0.790 7	6.015	0.801 9
4	6.101	0.813 4	6.187	0.824 9	6.274	0.836 5	6.363	0.848 3	6.453	0.860 3
5	6.543	0.872 3	6.635	0.884 6	6.728	0.897 0	6.822	0.909 5	6.917	0.922 2
6	7.013	0.935 0	7.111	0.948 1	7.209	0.961 1	7.309	0.974 5	7.411	0.988 0
7	7.513	1.001 7	7.617	1.015 5	7.722	1.029 5	7.828	1.043 6	7.936	1.058 0
8	8.045	1.072 6	8.155	1.087 2	8.267	1.102 2	8.380	1.117 2	8.494	1.132 4
9	8.609	1.147 8	8.727	1.163 5	8.845	1.179 2	8.965	1.195 2	9.086	1.211 4
10	9.209	1.227 8	9.333	1.244 3	9.458	1.261 0	9.585	1.277 9	9.714	1.295 1
11	9.844	1.312 4	9.976	1.330 0	10.109	1.347 8	10.244	1.365 8	10.380	1.383 9
12	10.518	1.402 3	10.658	1.421 0	10.799	1.439 7	10.941	1.452 7	11.085	1.477 9
13	11.231	1.497 3	11.379	1.517 1	11.528	1.537 0	11.680	1.557 2	11.833	1.577 6
14	11.987	1.598 1	12.144	1.619 1	12.302	1.640 1	12.462	1.661 5	12.624	1.683 1
15	12.788	1.704 9	12.953	1.726 9	13.121	1.749 3	13.290	1.771 8	13.461	1.794 6
16	13.634	1.817 7	13.809	1.841 0	13.987	1.864 8	14.166	1.888 6	14.347	1.912 8
17	14.530	1.937 2	14.715	1.961 8	14.903	1.986 9	15.092	2.012 1	15.284	2.037 7
18	15.477	2.063 4	15.673	2.089 6	15.871	2.116 0	16.071	2.142 6	16.272	2.169 4
19	16.477	2.196 7	16.685	2.224 5	16.894	2.252 3	17.105	2.280 5	17.319	2.309 0
20	17.535	2.337 8	17.753	2.366 9	17.974	2.396 3	18.197	2.426 1	18.422	2.456 1
21	18.650	2.486 5	18.880	2.517 1	19.113	2.548 2	19.349	2.579 6	19.587	2.611 4
22	19.827	2.643 4	20.070	2.675 8	20.316	2.706 8	20.565	2.741 8	20.815	2.775 1
23	21.068	2.808 8	21.342	2.843 0	21.583	2.877 5	21.845	2.912 4	22.110	2.947 8
24	22.377	2.983 3	22.648	3.019 5	22.922	3.056 0	23.198	3.092 8	23.476	3.129 9
25	23.756	3.167 2	24.039	3.204 9	24.326	3.243 2	24.617	3.282 0	24.912	3.321 3
26	25.209	3.360 9	25.509	3.400 9	25.812	3.441 3	26.117	3.482 0	26.426	3.523 2
27	26.739	3.564 9	27.055	3.607 0	27.374	3.649 6	27.696	3.692 5	28.021	3.735 8
28	28.349	3.779 5	28.680	3.823 7	29.015	3.868 3	29.354	3.913 5	29.697	3.959 3
29	30.043	4.005 4	30.392	4.051 9	30.745	4.099 0	31.102	4.146 6	31.461	4.194 4
30	31.824	4.242 8	32.191	4.291 8	32.561	4.341 1	32.934	4.390 8	33.312	4.441 2
31	33.695	4.492 3	34.082	4.543 9	34.471	4.595 7	34.864	4.648 1	35.261	4.701 1
32	35.663	4.754 7	36.068	4.808 7	36.477	4.863 2	36.891	4.918 4	37.308	4.974 0
33	37.729	5.030 1	38.155	5.086 9	38.584	5.144 1	39.018	5.202 0	39.457	5.260 5
34	39.898	5.319 3	40.344	5.378 7	40.796	5.439 0	41.251	5.499 7	41.710	5.560 9
35	42.175	5.622 9	42.644	5.685 4	43.117	5.748 4	43.595	5.812 2	44.078	5.876 6
36	44.563	5.941 2	45.054	6.008 7	45.549	6.072 7	46.050	6.139 5	46.556	6.206 9
37	47.067	6.275 1	47.582	6.343 7	48.102	6.413 0	48.627	6.483 0	49.157	6.553 7
38	49.692	6.625 0	50.231	6.696 9	50.774	6.769 3	51.323	6.842 5	51.879	6.916 6
39	52.442	6.991 7	53.009	7.067 3	53.580	7.143 4	54.156	7.220 2	54.737	7.297 6
40	55.324	7.375 9	55.910	7.451 0	56.510	7.534 0	57.110	7.614 0	57.720	7.695 0

附表 10 与空气相混合的某些气体的爆炸极限表(20 ℃,1 个标准大气压下)

气 体	爆炸高限(体积%)	爆炸低限(体积%)	气 体	爆炸高限(体积%)	爆炸低限(体积%)
氢	74.2	4.0	醋酸	—	4.1
乙烯	28.6	2.8	乙酸乙酯	11.4	2.2
乙炔	80.0	2.5	一氧化碳	74.2	12.5
苯	6.8	1.4	水煤气	72	7.0
乙醇	19.0	3.3	煤气	32	5.3
乙醚	36.5	1.9	氨	27.0	15.5
丙酮	12.8	2.6			

附表 11 我国气体钢瓶的常用标记

气体类别	瓶身颜色	标字颜色	字 样
氮气	黑	黄	氮
氧气	天蓝	黑	氧
氢气	深蓝	红	氢
压缩空气	黑	白	压缩空气
二氧化碳	黑	黄	二氧化碳
氦	棕	白	氦
液氨	黄	黑	氨
氯	草绿	白	氯
乙炔	白	红	乙炔
氟氯烷	铝白	黑	氟氯烷
石油气体	灰	红	石油气
粗氩气体	黑	白	粗氩
纯氩气体	灰	绿	纯氩

附表 12　无机酸在水溶液中的解离常数(25 ℃)

名　称	化学式	$pK_{a,1}$	$pK_{a,2}$	$pK_{a,3}$
偏铝酸	$HAlO_2$	12.20		
亚砷酸	H_3AsO_3	9.22		
砷酸	H_3AsO_4	2.20	6.98	11.50
硼酸	H_3BO_3	9.24	12.74	13.80
次溴酸	HBrO	8.62		
氢氰酸	HCN	9.21		
碳酸	H_2CO_3	6.38	10.25	
次氯酸	HClO	7.50		
氢氟酸	HF	3.18		
锗酸	H_2GeO_3	8.78	12.72	
高碘酸	HIO_4	1.56		
亚硝酸	HNO_2	3.29		
次磷酸	H_3PO_2	1.23		
亚磷酸	H_3PO_3	1.30	6.60	
磷酸	H_3PO_4	2.12	7.20	12.36
焦磷酸	$H_4P_2O_7$	1.52	2.36	6.60 ($pK_{a,4}=9.25$)
氢硫酸	H_2S	6.88	14.15	
亚硫酸	H_2SO_3	1.91	7.18	
硫酸	H_2SO_4	-3.0	1.99	
硫代硫酸	$H_2S_2O_3$	0.60	1.72	
氢硒酸	H_2Se	3.89	11.0	
亚硒酸	H_2SeO_3	2.57	6.60	
硒酸	H_2SeO_4	-3.0	1.92	
硅酸	H_2SiO_3	9.77	11.80	
亚碲酸	H_2TeO_3	2.57	7.74	

附表 13　水在不同温度下的黏度 η 和相对介电常数 ε_r

(绝对介电常数=相对介电常数×真空介电常数,即 $\varepsilon=\varepsilon_r\times\varepsilon_0$,真空介电常数 $\varepsilon_0=8.854\times10^{-12}$ F/m)

温度/℃	η/(10^{-3}Pa·s)	ε_r	温度/℃	η/(10^{-3}Pa·s)	ε_r
0	1.770 2	87.74	26	0.870 3	77.94
5	1.510 8	85.76	27	0.851 2	77.60
10	1.303 9	83.83	28	0.832 8	77.24
15	1.317 4	81.95	29	0.814 5	76.90
20	1.001 9	80.10	30	0.797 3	76.55
21	0.976 4	79.73	35	0.719 0	74.83
22	0.953 2	79.38	40	0.652 6	73.15
23	0.931 0	79.02	45	0.597 2	71.51
24	0.910 0	78.65	50	0.546 8	69.91
25	0.890 3	78.30	55	0.504 2	68.35

参考文献

[1] 贺德华, 麻英, 张连庆. 基础物理化学实验[M]. 北京:高等教育出版社, 2008.
[2] 冯霞, 朱莉娜, 朱荣娇. 物理化学实验[M]. 北京:高等教育出版社, 2014.
[3] 孙尔康, 高卫, 徐维清, 等. 物理化学实验[M]. 3 版. 南京:南京大学出版社, 2022.
[4] 北京大学化学学院物理化学实验教学组. 物理化学实验[M]. 4 版. 北京:北京大学出版社, 2002.
[5] 袁誉洪. 物理化学实验[M]. 2 版. 北京:科学出版社, 2021.
[6] 孟长功. 基础化学实验[M]. 3 版. 北京: 高等教育出版社, 2019.

物理化学实验

预习报告与数据记录

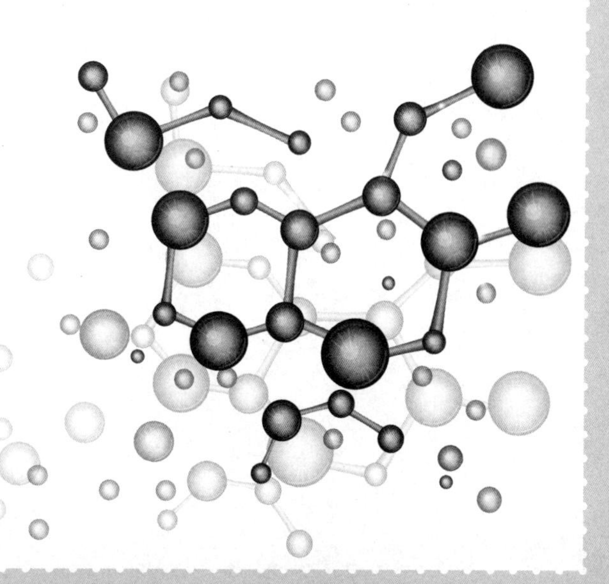

实验 2.1　有机物燃烧焓的测定

姓名__________　　班级__________　　学号__________　　实验时间__________

一、实验目的

二、实验原理

三、仪器和药品

四、实验步骤

五、数据记录

室温:__________,大气压:__________。

1.苯甲酸燃烧实验数据

读数序号(每 30 s)	初期温度/℃	主期温度/℃	末期温度/℃
0			
1			
2			
3			
4			
5			
6			
7			
8			
9			
10			
11			
12			
13			
14			
15			

2.萘燃烧实验数据

读数序号(每 30 s)	初期温度/℃	主期温度/℃	末期温度/℃
0			
1			
2			
3			
4			
5			
6			
7			
8			
9			
10			
11			
12			
13			
14			
15			

实验 2.2　液体饱和蒸气压的测定

姓名__________　　班级__________　　学号__________　　实验时间__________

一、实验目的

二、实验原理

三、仪器和药品

四、实验步骤

五、数据记录

被测液体:__________,室温:__________,大气压:__________。

恒温槽温度 t/℃							
压力计读数 Δp/kPa							

实验 2.3　凝固点降低法测定摩尔质量

姓名__________　　班级__________　　学号__________　　实验时间__________

一、实验目的

二、实验原理

三、仪器和药品

四、实验步骤

五、数据记录

室温：__________，大气压：__________。

溶剂第一组		溶剂第二组		溶液第一组		溶液第二组	
采零温度/℃：		采零温度/℃：		采零温度/℃：		采零温度/℃：	
读数序号（每 10 s）	温差/℃	读数序号（每 10 s）	温差/℃	读数序号（每 10 s）	温差/℃	读数序号（每 10 s）	温差/℃
0		0		0		0	
1		1		1		1	
2		2		2		2	
3		3		3		3	
4		4		4		4	
5		5		5		5	
6		6		6		6	
7		7		7		7	
8		8		8		8	
9		9		9		9	
10		10		10		10	
11		11		11		11	
12		12		12		12	
13		13		13		13	
14		14		14		14	
15		15		15		15	
16		16		16		16	
17		17		17		17	
18		18		18		18	
19		19		19		19	
20		20		20		20	

实验 2.4　完全互溶双液系气液平衡相图的绘制

姓名__________　　班级__________　　学号__________　　实验时间__________

一、实验目的

二、实验原理

三、仪器和药品

四、实验步骤

五、数据记录

阿贝折射仪温度：__________，大气压：__________。
无水乙醇沸点：__________，环己烷沸点：__________。

1.环己烷-乙醇标准溶液的折光率

$x_{环己烷}$	0	0.25	0.50	0.75	1.00
折光率 n					

2.环己烷-乙醇混合液测定数据

待测液编号	沸点/℃	液相分析	气相冷凝液分析
		折光率 n	折光率 n
1			
2			
3			
4			
5			
6			
7			
8			

实验 2.5　二组分金属相图的绘制

姓名__________　　班级__________　　学号__________　　实验时间__________

一、实验目的

二、实验原理

三、仪器和药品

四、实验步骤

五、数据记录

室温:________,大气压:________。

1 号管		2 号管		3 号管		4 号管		5 号管	
读数序号(每 30 s)	温度/℃	读数序号(每 30 s)	温差/℃	读数序号(每 30 s)	温差/℃	读数序号(每 30 s)	温差/℃	读数序号(每 30 s)	温差/℃
0		0		0		0		0	
1		1		1		1		1	
2		2		2		2		2	
3		3		3		3		3	
4		4		4		4		4	
5		5		5		5		5	
6		6		6		6		6	
7		7		7		7		7	
8		8		8		8		8	
9		9		9		9		9	
10		10		10		10		10	
11		11		11		11		11	
12		12		12		12		12	
13		13		13		13		13	
14		14		14		14		14	
15		15		15		15		15	
16		16		16		16		16	
17		17		17		17		17	
18		18		18		18		18	
19		19		19		19		19	
20		20		20		20		20	
21		21		21		21		21	
22		22		22		22		22	
23		23		23		23		23	
24		24		24		24		24	
25		25		25		25		25	
26		26		26		26		26	
27		27		27		27		27	
28		28		28		28		28	
29		29		29		29		29	
30		30		30		30		30	
31		31		31		31		31	
32		32		32		32		32	

实验 2.6　甲基红酸解离平衡常数的测定

姓名__________　　班级__________　　学号__________　　实验时间__________

一、实验目的

二、实验原理

三、仪器和药品

四、实验步骤

五、数据记录

室温:__________,大气压:__________。

表1　不同浓度酸式和碱式甲基红溶液的配制

相对浓度		0.25	0.50	0.75	1.00
S 溶液	V_S/mL	2.50	5.00	7.50	10.00
	V_{HCl}/mL	7.50	5.00	2.50	0.00
J 溶液	V_J/mL	2.50	5.00	7.50	10.00
	V_{CH_3COONa}/mL	7.50	5.00	2.50	0.00

表2　S、J 系列溶液在最大吸收波长 λ_1、λ_2 处的吸光度

相对浓度		0.25	0.50	0.75	1.00
S 溶液	A_{λ_1}				
	A_{λ_2}				
J 溶液	A_{λ_1}				
	A_{λ_2}				

实验 2.7　离子迁移数的测定

姓名__________　　班级__________　　学号__________　　实验时间__________

一、实验目的

二、实验原理

三、仪器和药品

四、实验步骤

五、数据记录

室温:＿＿＿＿＿,大气压:＿＿＿＿＿,电解电流: ＿＿＿＿＿ mA,电解时间:＿＿＿＿＿ min。

电解前铜片质量(m_0):＿＿＿＿＿g,电解后铜片质量(m_1):＿＿＿＿＿g,沉积铜质量:＿＿＿＿＿g。

1.$CuSO_4$溶液在 630 nm 处的吸光度和浓度

溶液类型	标液 1	标液 2	标液 3	标液 4	原始溶液	中间区	阳极区
吸光度 A							
浓度/$(g \cdot L^{-1})$							

2.电解后阳极区溶液的数据

溶液总质量/g	25 mL 溶液质量/g	溶液密度/$(g \cdot mL^{-1})$	溶液总体积/mL

实验 2.8　电导法测定乙酸电离平衡常数

姓名__________　　　班级__________　　　学号__________　　　实验时间__________

一、实验目的

二、实验原理

三、仪器和药品

四、实验步骤

五、数据记录

实验温度:__________,大气压:__________。

溶液浓度 $c/(\mathrm{mol}\cdot\mathrm{L}^{-1})$	$\kappa_1/(\mathrm{S}\cdot\mathrm{m}^{-1})$	$\kappa_2/(\mathrm{S}\cdot\mathrm{m}^{-1})$	$\kappa_3/(\mathrm{S}\cdot\mathrm{m}^{-1})$

实验 2.9　电池电动势及温度系数的测定

姓名__________　　班级__________　　学号__________　　实验时间__________

一、实验目的

二、实验原理

三、仪器和药品

四、实验步骤

五、数据记录

室温:__________,大气压:__________。

t/℃	T/K	电动势值 E/V	电动势平均值/V

实验 2.10　阳极极化曲线的测定

姓名__________　　班级__________　　学号__________　　实验时间__________

一、实验目的

二、实验原理

三、仪器和药品

四、实验步骤

五、数据记录

研究电极:__________,电极面积:__________,参比电极:__________,
辅助电极:__________,电解液:__________,电解液温度:__________。

电位/V								
电流/A								
电流密度 /$(A \cdot cm^{-2})$								
自腐蚀电位:__________ 致钝电流密度:__________ 维钝电位范围:__________ 维钝电流密度:__________								

实验 2.11　表面活性剂临界胶束浓度 CMC 的测定

姓名__________　　班级__________　　学号__________　　实验时间__________

一、实验目的

二、实验原理

三、仪器和药品

四、实验步骤

五、数据记录

实验温度:__________,大气压:__________。

浓度 $c/(\mathrm{mol \cdot L^{-1}})$	$\kappa_1/(\mathrm{S \cdot m^{-1}})$	$\kappa_2/(\mathrm{S \cdot m^{-1}})$	$\kappa_3/(\mathrm{S \cdot m^{-1}})$	$\kappa_{平均}/(\mathrm{S \cdot m^{-1}})$

实验 2.12　最大泡压法测定溶液表面张力

姓名__________　　班级__________　　学号__________　　实验时间__________

一、实验目的

二、实验原理

三、仪器和药品

四、实验步骤

五、数据记录

实验温度：__________，水的表面张力：__________，仪器常数 K：__________。

溶液浓度 /(mol · L^{-1})	压力差 Δp/kPa			
	1	2	3	平均值
0				
0.05				
0.10				
0.15				
0.20				
0.25				
0.30				

实验 2.13　蔗糖水解反应速率常数的测定

姓名__________　　　　班级__________　　　　学号__________　　　　实验时间__________

一、实验目的

二、实验原理

三、仪器和药品

四、实验步骤

五、数据记录

反应温度:__________,蔗糖浓度:__________,盐酸浓度:__________。

t/min													
α_t													
α_∞													

实验 2.14　乙酸乙酯皂化反应速率常数的测定

姓名__________　　班级__________　　学号__________　　实验时间__________

一、实验目的

二、实验原理

三、仪器和药品

四、实验步骤

五、数据记录

1.实验温度 T_1:__________,NaOH 溶液浓度(混合后):__________,$CH_3COOC_2H_5$ 溶液浓度(混合后):__________。

反应时间/min	2	4	6	8	10	15	20	25	30
$\kappa_t/(S\cdot m^{-1})$									

2.实验温度 T_2:__________,NaOH 溶液浓度(混合后):__________,$CH_3COOC_2H_5$ 溶液浓度(混合后):__________。

反应时间/min	2	4	6	8	10	15	20	25	30
$\kappa_t/(S\cdot m^{-1})$									

实验 2.15　氢氧化铁溶胶的制备与电泳

姓名__________　班级__________　学号__________　实验时间__________

一、实验目的

二、实验原理

三、仪器和药品

四、实验步骤

五、数据记录

实验温度:________,大气压:________,电极间距离 L:________,电压 U:________。

电泳时间/min		0	5	10	15	20	25	30	35	40
界面位置/mm	正极									
	负极									

实验 2.16　磁化率的测定

姓名__________　　班级__________　　学号__________　　实验时间__________

一、实验目的

二、实验原理

三、仪器和药品

四、实验步骤

五、数据记录

实验 2.17　B-Z 振荡反应

姓名__________　　班级__________　　学号__________　　实验时间__________

一、实验目的

二、实验原理

三、仪器和药品

四、实验步骤

五、数据记录